MW01625025

2^de^

PROGRAMME 2019 COLLECTION BARBAZO

CAHIER d'ALGO

Algorithmique et programmation en Python

Sous la direction d'Éric Barbazo

Fanny Plassin
Nathalie Teulié

hachette
ÉDUCATION

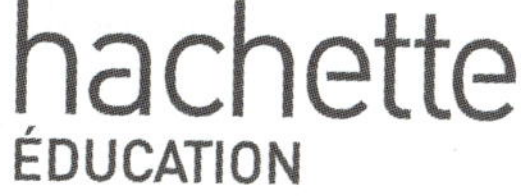

Sommaire

hachette s'engage pour l'environnement en réduisant l'empreinte carbone de ses livres. Celle de cet exemplaire est de : 600 g éq. CO_2 Rendez-vous sur www.hachette-durable.fr

58 rue Jean Bleuzen, CS 700007, 92178 Vanves Cedex.
www.hachette-education.com
ISBN 978-2-01-786603-9

Sommaire

Les fichiers des scripts sont disponibles dans le manuel numérique et sur le site
www.lycee.hachette-education.com/barbazo/cahier-2de

Édition : Mélodie Bagnolati/Alexandre Bertin
Fabrication : Miren Zapirain
Mise en pages & schémas : STDI
Couverture : Guylaine Moi
Maquette intérieure : Anne-Danielle Naname
Les auteurs remercient Katia Odiot pour sa relecture critique.

Crédits photographiques
© Shutterstock :
p. 8 : **Photographee.eu** ; p. 11a : **Christian Mueller** ; p. 11b : **sdecoret** ; p. 13 : **djile** ; p. 17 : **Igor Irge** ; p. 19 : **Dean Drobot** ; p. 22 : **Akhenaton Images** ; p. 28a : **Marynchenko Oleksandr** ; p. 28b : **FreeProd33** ; p. 29 : **Syda Productions** ; p. 30 : **vitalikaladdin** ; p. 32 : **Catalin Petolea** ; p. 33 : **LStockStudio** ; p. 36 : **Chalermpom Poungpeth** ; p. 43a : **Martin Good** ; p. 43b : **Nik Merkulov** ; p. 49 : **Kostenko Maxim** ; p. 52 : **Claudio Divizia** ; p. 56 : **Duncan Andison** ; p. 57 : **Vector white dice** ; p. 60 : **unpict** ; p. 67 : **Rhonda Roth** ; p. 70 : **Kurit afshen**.

Découvrir l'algorithmique et la programmation

1 Les notions de base en algorithmique et en programmation

▶ Un **algorithme** est un ensemble d'instructions qui s'enchaînent les unes après les autres, dans un ordre logique et bien déterminé.

▶ Une **instruction** est une série d'actions contenant des mots clés et des connecteurs logiques. Les instructions font également intervenir des **variables**.

▶ Un algorithme peut s'écrire en **langage naturel** (structure logique écrite en français) ou en **langage informatique** (structure logique écrite dans un langage spécifique que les ordinateurs peuvent interpréter).

▶ **La programmation** est la mise au point d'un programme (aussi appelé **script**) dans un langage informatique pouvant être compris et utilisé par un ordinateur. Il existe plusieurs langages de programmation : Python, Scilab, C++, etc.

2 Les principales structures algorithmiques en langage naturel

L'affectation de variable

▶ Pour affecter une valeur à une variable, c'est-à-dire donner une valeur à une variable, on utilise, en langage naturel, la syntaxe *variable* $\leftarrow$ *valeur*.

Exemple : *base* $\leftarrow$ 10 signifie que la variable *base* reçoit la valeur 10.

Les instructions conditionnelles

▶ Pour **aiguiller dans différentes directions l'exécution** d'un algorithme, on peut avoir recours à des **instructions conditionnelles** qui permettent de déterminer si les instructions qui suivent doivent être, ou non, exécutées.

La syntaxe d'une instruction conditionnelle en langage naturel

Si condition **alors**
    instruction(s) 1
Sinon
    instruction(s) 2
Fin Si

Exemple :
Si *prix* > 200 **alors**
    prix $\leftarrow$ *prix* $\times$ 0,8
Sinon
    prix $\leftarrow$ *prix* $\times$ 0,9
Fin Si

La boucle bornée

▶ Lorsqu'on doit **répéter** une ou plusieurs instructions **un nombre défini de fois** connu à l'avance, on utilise une **boucle bornée**.

La syntaxe d'une boucle bornée en langage naturel
Pour variable **allant de** valeur minimale **à** valeur maximale   instruction(s) **Fin Pour**

Exemple :
Pour i allant de 3 à 100
    somme = *somme* + *i*
Fin Pour

La boucle non bornée

▶ Lorsqu'on doit **répéter** une ou plusieurs instructions **un nombre inconnu de fois**, on utilise une **boucle non bornée** qui est parcourue jusqu'à ce qu'une certaine condition ne soit plus vraie.

La syntaxe d'une boucle non bornée en langage naturel
Tant que condition **faire**   instruction(s) **Fin Tant que**

Exemple :
Tant que $M > 0$ **faire**
    $M \leftarrow M - 1$
Fin Tant que

3 Le logiciel EduPython et le langage Python

▶ Python est un langage de programmation qui peut être utilisé dans plusieurs environnements : EduPython, Pyso, Spyder, etc.

▶ Dans ce cahier, l'environnement utilisé est celui d'EduPython, un logiciel gratuit et téléchargeable en ligne à l'adresse :
https://edupython.tuxfamily.org/

L'interface du logiciel EduPython

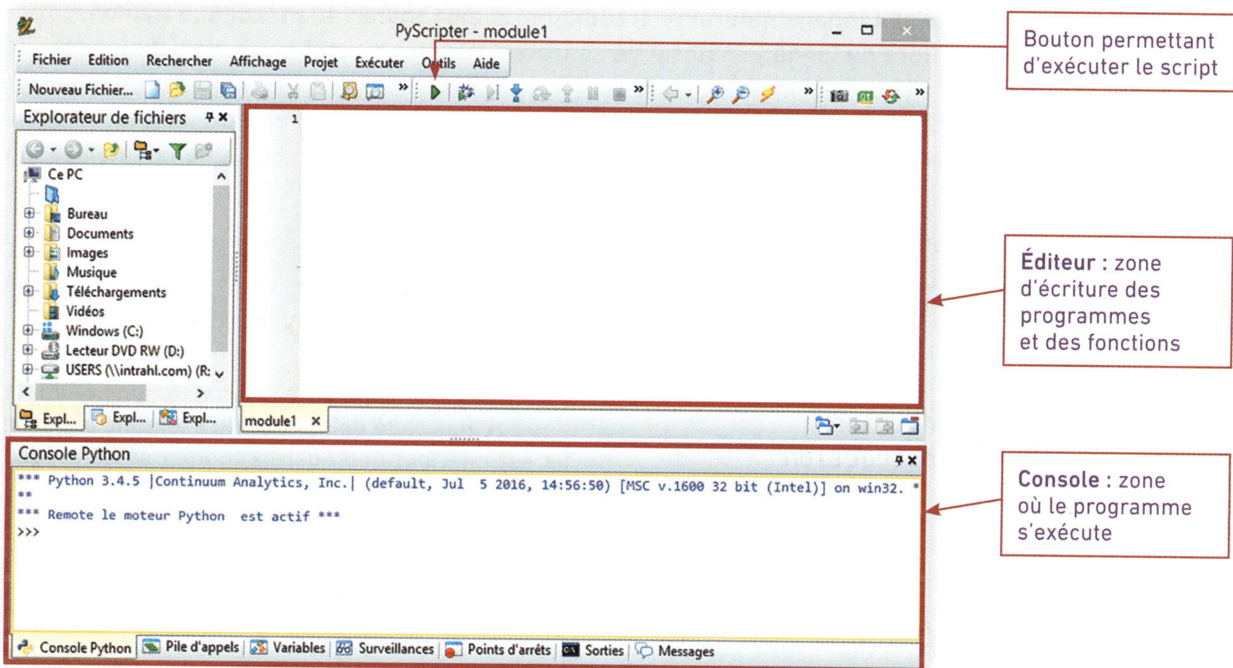

▶ **L'éditeur** permet d'écrire des programmes. Après l'écriture d'un programme ou d'une fonction, on l'exécute avec l'icône ▶. Après l'exécution d'un programme, on peut utiliser la console pour connaître le contenu des variables calculées.

▶ **La console** permet de dialoguer directement avec le programme à l'aide du clavier. L'utilisateur saisit des instructions dans la console, tape sur la touche *entrée* et le programme affiche une donnée à l'écran en réponse.

La console est ainsi le lieu où s'affichent les données des programmes écrits dans l'éditeur.

Exemple :

Programme tapé dans l'éditeur et exécuté	Instruction tapée dans la console et affichage

`s = 0`
`for i in range(100) :`
`    s = s + i`
	`>>> s`
	`4950`

La console peut aussi être utilisée comme une puissante calculatrice.

Exemple : calcul de 2^{450}

```
>>> 2**450
2907354897182427562197295231552018137414565442749272241125960796722557152453591693304764202855054262243050086425064711734138406514458624
```

4 Les principales structures algorithmiques en Python

▶ Un langage informatique utilise une syntaxe qui lui est propre. Certains mots utilisés en langage naturel se traduisent en langage informatique par des **mots clés**, uniquement employés par ce langage.
▶ Python est un langage dont la base linguistique est anglo-saxonne. Sa syntaxe est donc constituée de mots anglais.

L'instruction conditionnelle *if*

▶ Le mot français **Si** du langage naturel se traduit par le mot anglais if en langage Python.
▶ Le mot français **Alors** du langage naturel ne se traduit pas par un mot en anglais en langage Python, mais par un retour à la ligne, appelé **indentation**.
▶ Le mot français **Sinon** du langage naturel se traduit par le mot anglais else en langage Python.
▶ Une instruction conditionnelle peut exécuter une, deux ou plusieurs instructions selon la situation étudiée.

• L'instruction conditionnelle en langage Python ci-dessous n'a qu'**une seule condition.** Si la condition n'est pas réalisée, le script n'effectue pas l'instruction.

```
if condition :
    instruction
```

Exemple :

```
if x <= 3 :
    y = 4*x
```

Le programme affecte à la variable y une valeur égale à quatre fois celle de la variable x lorsque cette variable x est inférieure ou égale à 3. Rien ne se produit si la variable x est strictement supérieure à 3.

• L'instruction conditionnelle en langage Python ci-dessous a **une condition et une alternative**. Si la condition est réalisée, le script effectue l'instruction 1 ; si la condition n'est pas réalisée, il effectue l'instruction 2.

```
if condition :
    instruction 1
else :
    instruction 2
```

Exemple :

```
if x <= 3 :
    y = 4*x
else :
    y = 3*x+6
```

Le programme affecte à la variable y une valeur égale à quatre fois celle de la variable x lorsque cette variable x est inférieure ou égale à 3. Sinon, il affecte à y la valeur $3x + 6$. Dans cette instruction conditionnelle, tous les cas sur x sont étudiés.

La boucle bornée *for*

▶ Le mot français **Pour** du langage naturel se traduit par le mot anglais for en langage Python.
▶ La fonction range() permet d'énumérer le nombre de passages dans la boucle.

La boucle non bornée *while*

▶ Le mot français **Tant que** en langage naturel se traduit par le mot anglais while en langage Python.

5 Les bibliothèques de Python

▶ Certaines fonctions spécifiques au langage Python sont rangées dans des bibliothèques. Pour pouvoir les utiliser, on peut importer entièrement la bibliothèque ou seulement la ou les fonction(s) souhaitée(s).

- L'étoile * permet d'importer toutes les fonctions d'une bibliothèque.

  Exemple : from math import* importe toutes les fonctions de la bibliothèque math.

- On peut importer d'une bibliothèque seulement les fonctions dont on a besoin.

  Exemple : from math import sqrt importe la fonction racine carrée de la bibliothèque math.

▶ Lorsque le nom de la bibliothèque est très long, on peut lui définir un alias en ajoutant as suivi de quelques lettres formant l'alias. On peut ensuite utiliser toutes les fonctions de la bibliothèque en faisant précéder leur nom de l'alias.

> Exemple : import matplotlib.pyplot as plt
> L'instruction plt.plot(x,y) permet d'importer la fonction plot de la bibliothèque matplotlib.pyplot en utilisant l'alias plt.

Type de bibliothèque	Nom de la bibliothèque	Syntaxe d'importation
Principales fonctions mathématiques	math	from math import*
Fonctions des probabilités	random	from random import*
Fonctions graphiques	matplotlib.pyplot pylab numpy	import matplotlib.pyplot as plt import pylab as pb import numpy as np

6 Les graphiques

▶ Le langage Python est un langage informatique qui permet de réaliser des calculs qui sont trop longs et compliqués à faire manuellement, mais c'est également un **traceur de courbes**. Les graphiques permettent en général de conjecturer des solutions d'équations ou d'inéquations, de déterminer des coordonnées de points ou de faire de la géométrie.

▶ Pour réaliser des graphiques avec le langage Python, il faut utiliser plusieurs bibliothèques : matplotlib.pyplot, ou pylab et numpy.

▶ Lorsqu'on exécute un script de tracé de graphique, l'affichage se réalise dans une fenêtre qui s'ouvre indépendamment de l'environnement EduPython. Il faut fermer cette fenêtre après l'avoir visualisée.

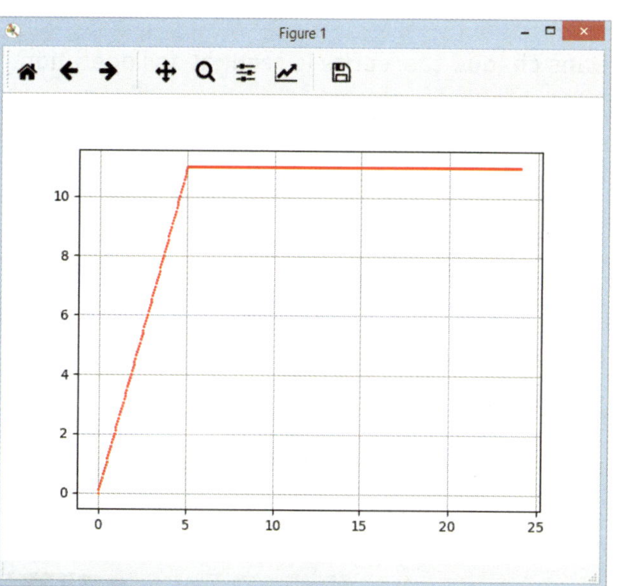

Premiers pas

1. Les variables numériques et les principales opérations

MÉMO

▶ Un programme informatique contient des instructions qui utilisent des variables. Une **variable** est comme une boîte qui permet de conserver dans le temps des données du programme (nombre, valeur entrée par l'utilisateur, mot, etc.) en les stockant dans la mémoire de l'ordinateur.

▶ Les variables qui stockent des valeurs numériques sont appelées **variables numériques**. Elles sont utilisées pour faire des calculs.

▶ Pour stocker une valeur dans la variable, on écrit une instruction d'**affectation**. En langage Python, l'affectation des variables se fait avec le signe « = » et avec la syntaxe nom_de_la_variable = valeur.

Exemple : Avec l'instruction longueur = 5.7, on affecte la valeur 5,7 à la variable *longueur*.
On dit que la variable *longueur* reçoit la valeur 5,7.

Remarques :
- Le nom d'une variable ne doit pas contenir d'espace : les tirets « _ » remplacent les espaces.
- En langage Python, les nombres décimaux s'écrivent avec un point et non avec une virgule.

▶ **Les opérations avec les variables numériques**

Dans le tableau ci-dessous, la variable a reçoit la valeur 22 et la variable b reçoit la valeur 6.

Affectation des variables	Addition	Soustraction	Produit	Quotient
`>>> a = 22` `>>> b = 6`	`>>> a+b` `28`	`>>> a-b` `16`	`>>> a*b` `132`	`>>> a/b` `3.6666666666666665`

Puissance entière	Racine carrée	Reste de la division euclidienne de a par b	Quotient de la division euclidienne de a par b

`>>> a**3`
`10648`
	`>>> from math import sqrt`
	`>>> sqrt(a)`
	`4.69041575982343`
		`>>> a%b`
		`4`
			`>>> a//b`
			`3`

1 Dans chaque cas, écrire le résultat de l'opération.

1.
```
>>> longueur = 5
>>> largeur = 10
>>> longueur*largeur
```
....

2.
```
>>> rayon = 3
>>> pi*rayon**2
```
....

2 Quelle est la valeur de la variable *energie* ?

```
>>> masse = 50
>>> vitesse = 12
>>> energie = 0.5*masse*vitesse**2
```

....

3 Le loyer mensuel d'un appartement est de 500 € au cours de l'année 2018. Il augmente de 5 % en 2019.

1. Expliquer ce que font les instructions suivantes.

a. loyer = 500

....

....

b. taux = 0.05

....

....

2. Le locataire veut calculer le montant de l'augmentation et le nouveau prix du loyer en 2019, et affecter respectivement ces valeurs à deux variables *augmentation* et *nouveau-prix*.
Compléter les instructions en langage Python puis donner le résultat affiché.

a. augmentation = ...

....

b. nouveau_prix = ...

....

4 Quel est le résultat affiché lorsque l'on tape les instructions suivantes dans la console Python ?

```
>>> from math import sqrt
>>> a = sqrt(35)-1
>>> b = (sqrt(35)+1)/34
>>> a*b
```

....

....

5 **Affectation simultanée**

1. Taper les instructions suivantes dans la console Python puis écrire le résultat affiché.

```
>>> a,b = 5,9
>>> a+b
```

....

2. Expliquer ce que fait l'instruction `a,b = 5,9`.

....

6 Taper les instructions ci-contre dans la console Python.

```
>>> a,b = 22,47
>>> a,b = b,a
```

1. Quelles valeurs affecte-t-on aux variables a et b dans la première instruction ?

....

....

2. Commenter l'instruction `a,b = b,a`.

....

....

7 Taper les instructions ci-contre dans la console Python.

```
>>> x = 4
>>> x = x+6
>>> x = x**2
>>> x
```

1. Quelle est la valeur de la variable affichée par la dernière instruction ?

....

2. Écrire dans l'éditeur un script de deux lignes qui calcule et affiche en une seule instruction la valeur de x précédente.

....

....

8 **1.** Copier les instructions dans la console Python et écrire la valeur de la variable *compteur* affichée dans chacun des cas suivants.

a.
```
>>> compteur = 0
>>> compteur = compteur + 1
>>> compteur
```

....

....

b.
```
>>> compteur = 0
>>> compteur += 1
>>> compteur
```

....

....

2. Que dire des instructions suivantes ?

`compteur = compteur + 1` et `compteur += 1`

....

....

9 En 2017, environ 94 % de la population française possédait un téléphone portable (Source : CRÉDOC). La population française est estimée à 66 990 826 habitants en 2017 (Source : INSEE).
En utilisant la console Python, calculer le nombre d'habitants possédant un téléphone portable en France.

....

....

....

10 Affecter les valeurs 5 ; 12,3 et 25 à trois variables a, b et c, puis déterminer le résultat de $2a-3(b-\sqrt{c})$ à l'aide de la console de Python.

....

11 Affecter la valeur 3 à une variable notée x puis déterminer le résultat de $2x^3-3x^2+4x-\frac{1}{3}$ à l'aide de la console Python.

....

12 La Lune a un rayon d'environ 1 737 km. On affecte cette valeur à une variable *lune*.

1. Quelles instructions faut-il taper dans la console Python pour déterminer le volume de la Lune ? On importera le nombre pi en écrivant l'instruction `from math import pi`.

....

....

....

2. Quel est le volume de la Lune ?

....

....

Premiers pas

débranché

2. Les fonctions

MÉMO

▶ Dans un programme, il est possible d'écrire des petits programmes, ou sous programmes intermédiaires, appelés **fonctions.**

▶ Une fonction est un programme qui porte un nom et utilise zéro, une ou plusieurs variables appelées **paramètres**.

▶ **La syntaxe d'une fonction**

```
def nom_de_la_fonction(argument1,argument2,etc):
    instruction(s)
    return resultat
```

Exemple : la fonction somme_carres ci-contre calcule et renvoie la somme $a^2 + b^2$ lorsque l'utilisateur donne les valeurs de a et b.

```
def somme_carres(a,b) :
    somme = a**2 + b**2
    return somme
```

Remarques :
- Si la fonction n'utilise aucun argument, on la note def nom_de_la_fonction() :
- Le nom d'une fonction ne doit pas contenir d'espace. Les espaces peuvent être remplacés par des tirets « _ ».

▶ L'instruction return permet de renvoyer une valeur de type entier, décimal (dit flottant) ou chaîne de caractères qui peut être réutilisée dans un autre programme ou une autre fonction. Elle interrompt le programme dès qu'elle s'est exécutée.

▶ On peut utiliser une fonction écrite dans l'éditeur de Python avec la console Python.

Exemple : On a écrit le script de la fonction somme_carres définie ci-dessus dans l'éditeur de Python. Si on tape l'instruction somme_carres(10,2) dans la console Python, on obtient l'affichage 104.

1 On a écrit le script de la fonction exercice1.

```
def exercice1 (a) :
    return a**2-a+1
```

1. Combien d'arguments cette fonction possède-t-elle ? Le(s)quel(s) ?

....

2. Que renvoie la fonction exercice1 lorsqu'on tape les instructions suivantes ?

a. `>>> exercice1(2)` ....

b. `>>> exercice1(5)` ....

c. `>>> exercice1(2.1)` ....

2 On considère la fonction vitesse ci-dessous.

```
def vitesse(distance,temps):
    return distance/temps
```

1. Combien d'arguments cette fonction possède-elle ? Le(s)quel(s) ?

....

....

2. On suppose que la distance est exprimée en kilomètre et le temps en heure. On a écrit dans la console les instructions suivantes.

```
>>> vitesse(120,1.5)
80.0
```

Que signifie le résultat 80 ?

....

....

3. Écrire dans l'éditeur une fonction temps dont les arguments sont une distance d parcourue à une vitesse v et qui renvoie le temps correspondant.

....

....

3 Compléter la fonction tension ci-dessous pour qu'elle renvoie la tension aux bornes d'un appareil électrique de résistance R exprimée en ohm dans lequel passe une intensité I exprimée en ampère.

```
def tension(.... , ....) :
    return ........
```

4 La fonction sphere ci-dessous calcule et renvoie le volume d'une sphère lorsqu'on entre son rayon R.

```
from math import pi
def sphere(R):
    return 4/3 *pi*R**3
```

1. À quoi sert l'instruction de la première ligne ?

....

....

....

2. Pour arrondir le résultat, on utilise la commande round(*nombre* , *nombre de chiffres après la virgule*). Copier ou ouvrir le script de la fonction sphere dans l'éditeur Python puis le modifier pour que le résultat renvoyé soit arrondi à 10^{-3} près.

....

....

....

....

5 On considère la fonction suivante.

```
1 from random import randint
2 def exercice5():
3     return randint(1,6)
```

1. Combien d'arguments cette fonction possède-t-elle ?

....

2. Utiliser dix fois cette fonction dans la console en écrivant l'instruction exercice5(). Écrire les résultats obtenus ci-dessous.

....

3. Proposer un cas concret dans lequel cette fonction pourrait avoir un intérêt.

....

....

4. Modifier le programme de la fonction pour qu'elle simule le lancer d'une pièce de monnaie parfaitement équilibrée.

....

....

....

Quelle est l'utilité de l'instruction de la première ligne ?

....

....

....

6 **1.** On considère un cube $ABCDEFGH$ de côté c. Écrire une fonction nommée cube qui retourne le volume du cube de côté c.

....

....

....

2. On considère le centre L de la face $EFGH$ et la pyramide $ABCDL$ inscrite dans le cube $ABCDEFGH$ de la manière suivante.

H G L E F D C A B

Écrire une fonction *pyramide* qui renvoie le volume de la pyramide $ABCDL$.

....

....

....

7 Écrire une fonction solde qui renvoie le prix soldé d'un article lorsque l'utilisateur donne le prix initial et la remise en pourcentage.

....

....

....

Premiers pas

3. L'instruction conditionnelle *if*

MÉMO

▶ Pour aiguiller dans différentes directions l'exécution d'un programme, il est possible d'avoir recours à des **instructions conditionnelles** qui permettent de déterminer si les instructions qui suivent doivent être, ou non, exécutées.
En langage naturel, la syntaxe d'une instruction conditionnelle est du type ci-contre.

Si condition **alors**
    instruction(s) 1
Sinon
    instruction(s) 2

▶ **La syntaxe des instructions conditionnelles en langage Python**

Syntaxe en Python	Exemple en langage naturel	Exemple en langage Python
Une seule condition		

if condition :
    instruction(s)
	Si n est supérieur ou égal à 3 **alors**
	    $m \leftarrow 2 \times n$
		`if n>=3:`
		`    m=2*n`

Une condition et une alternative		

if condition :
    instruction(s) 1
else :
    instruction(s) 2
	Si n est supérieur ou égal à 3 **alors**
	    $m \leftarrow 2 \times n$
	Sinon
	    $m \leftarrow 3 \times n + 1$
		`if n>=3:`
		`    m=2*n`
		`else:`
		`    m=3*n+1`

Deux conditions ou plus		

if condition 1 :
    instruction(s) 1
elif condition 2 :
    instruction(s) 2
else :
    instruction(s) 3
	Si n est inférieur ou égal à 2 **alors**
	    $m \leftarrow 2 \times n$
	Sinon si n est strictement compris entre 2 et 5 **alors**
	    $m \leftarrow -2 \times n + 5$
	Sinon
	    $m \leftarrow n^2$
		`if n<=2:`
		`    m=2*n`
		`elif 2<n<5:`
		`    m=-2*n+5`
		`else:`
		`    m=n**2`

Remarques :
- Le mot clé « alors » n'existe pas en langage Python. C'est l'**indentation**, c'est-à-dire le décalage automatique du retour à la ligne vers la droite, qui le remplace.
- elif est la contraction de else if.
- Pour tester l'égalité de deux valeurs en langage Python, on peut utiliser le signe « == ».

1 On considère la fonction ci-contre.
Quelle est la valeur de la variable M pour :

```
def divisible(n):
    if n%5==0:
        M=n/5
    else:
        M=0
    return M
```

1. $n = 25$? ....

2. $n = 3$? ....

3. $n = -12$? ....

2 Dans une école de rugby, il y a quatre groupes :
- le groupe U8 pour les joueurs entre 8 ans inclus et 10 ans exclus ;
- le groupe U10 pour les joueurs entre 10 ans inclus et 12 ans exclus ;
- le groupe U12 pour les joueurs entre 12 ans inclus et 14 ans exclus ;
- le groupe U14 pour les joueurs entre 14 ans inclus et 16 ans exclus.

Compléter la fonction pour qu'elle affiche le groupe lorsque l'utilisateur entre l'âge du joueur.

```
def groupe(age)
    if age<8:
        resultat='Trop jeune'
    elif 8<=age<10:
        resultat='U8'
    elif ..........:
        resultat=..........
    elif ..........:
        resultat=..........
    else:
        resultat=..........
    return ..........:
```

3 **1.** Écrire une fonction exercice_3 d'argument x qui retourne « faux » si le réel est nul et l'inverse du nombre réel x s'il est non nul.

....

....

....

....

2. Pour arrondir le résultat, on utilise la fonction round(*variable*, *nombre_decimales*). Modifier le script pour que la variable soit arrondie à 10^{-3} près.

....

....

4 Dans un parc d'attractions qui possède des manèges un peu « sportifs », le prix de l'entrée dépend de la taille et de l'âge de la personne. Pour des raisons de sécurité, une personne mesurant moins de 1,30 mètre ne peut accéder à tous les manèges. Elle paie alors moins cher l'entrée au parc.

La fonction ci-contre détermine le prix que doit payer une personne selon sa taille et son âge.

```
def prix(taille,age):
    if taille<1.30:
        entree=age*0.5
    else:
        entree=age*1.1
    return entree
```

1. Combien d'arguments cette fonction possède-t-elle ? Le(s)quel(s) ?

....

2. En utilisant cette fonction, déterminer le prix que va payer quelqu'un qui a 18 ans et qui mesure 1,82 mètre.

....

3. Combien va payer un enfant de 8 ans et qui mesure 1,20 mètre ?

....

4. Modifier la fonction pour que l'entrée soit gratuite pour les personnes mesurant moins de 90 cm.

....

....

....

....

....

....

5 On donne la fonction affine par morceau f définie par :

$$f(x) = \begin{cases} 2x+1 & \text{si } x \leq -1 \\ -x+2 & \text{si } x \in]-1;0] \\ -3x+2 & \text{si } x > 0 \end{cases}$$

Copier ou ouvrir la fonction ci-contre dans l'éditeur puis l'exécuter pour compléter le tableau.

```
def f(x):
    if x<=-1:
        f=2*x+1
    elif -1<x<=0:
        f=-x+2
    else:
        f=-3*x+2
    return f
```

x	−4	−1,5	−0,5	−0,1	0,6	2,5	4,8	7,3
$f(x)$								

6 Un coureur de fond court à 15 km/h pendant la première heure, puis à 12 km/h l'heure suivante et termine à 9 km/h le temps restant.

On souhaite écrire un script qui affiche la distance parcourue lorsque l'utilisateur entre le temps de course en heure.

On propose cet algorithme incomplet écrit en langage naturel.

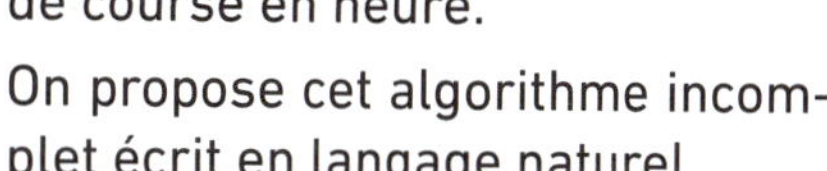

1. $t \leftarrow$ valeur entrée par l'utilisateur
2. Si $t \leq 1$ alors
3. $\quad d \leftarrow 15 \times t$
4. Sinon si $1 < t \leq 2$ alors
5. $\quad d \leftarrow 15 + (t-1) \times 12$
6. Sinon si $t > 2$ alors
7. $\quad d \leftarrow$ ....
8. Afficher d

1. Expliquer le calcul de la ligne 5 puis compléter la ligne 7 de l'algorithme.

....

....

....

2. Écrire le script correspondant dans l'éditeur de Python. Déterminer les valeurs affichées par le script lorsque :

a. $t = 1{,}3$ ....

b. $t = 2{,}7$ ....

Premiers pas

4. La boucle bornée *for*

MÉMO

▶ Il est parfois utile dans un programme de répéter une ou plusieurs instructions **un nombre défini de fois**. Lorsque le nombre de répétitions est connu à l'avance, on utilise une **boucle bornée *for***.

▶ **La syntaxe d'une boucle bornée**

Langage naturel	Langage Python

Pour variable **allant de** minimum **à** maximum
    instruction(s)
	for variable in range() :
	    instruction(s)

▶ La fonction range() permet d'énumérer le nombre de passages dans la boucle bornée. Elle peut être appelée de plusieurs façons :

- range(n), où n est un entier, fait prendre à la variable les valeurs entières de 0 à $n-1$, donc n valeurs ;
- range(n, m), où n et m sont des entiers, fait prendre à la variable les valeurs entières de n à $m-1$;
- range(n, m, k), où n, m et k sont des entiers, fait prendre à la variable les valeurs entières de n à $m-1$, avec un pas de k.

Instructions	for i in range(3):
	    S=S+i
		for i in range(12,16):
		    S=S+i
			for i in range(5,15,3):
			    S=S+i

Affichage	La variable i prend les valeurs entières de 0 à 2 et les ajoutent successivement à S.	La variable i prend les valeurs entières de 12 à 15 et les ajoute successivement à S.	La variable i prend les valeurs entières de 5 à 14 avec un pas de 3.

▶ Il n'existe pas d'instruction pour définir la fin de la boucle. C'est l'**indentation**, c'est-à-dire le décalage vers la droite d'une ou plusieurs lignes, qui permet de marquer la fin de la boucle.

1 Quel résultat renvoie la fonction suivante lorsqu'on écrit dans la console l'instruction somme(4) ?

```
def somme(n):
    s=0
    for i in range(n+1):
        s=s+i
    return s
```

....

2 On a placé 5 000 € sur un compte bancaire rémunéré à 2,5 % chaque année.
Compléter la fonction suivante pour qu'elle retourne la somme disponible au bout de n années.

```
def compte(n):
    c=..............
    for i in range(....):
        c=....................
    return c
```

3 **1.** Parmi les fonctions ci-dessous, entourer celles qui permettent d'afficher la valeur 15 pour la variable S.

a.
```
def somme():
    S=0
    for i in range(6):
        S=S+i
    return S
```

b.
```
def somme():
    S=0
    for i in range(1,8,2):
        S=S+i
    return S
```

c.
```
def somme():
    S=0
    for i in range(1,6):
        S=S+i
    return S
```

d.
```
def somme():
    S=0
    for i in range(3,9,2):
        S=S+i
    return S
```

2. Qu'affichent les autres fonctions ?

....

4 On considère la fonction suivante.

```
from random import randint
def de(n):
    nbre_six=0
    for i in range(n):
        if randint(1,6)==6:
            nbre_six=nbre_six+1
    return nbre_six
```

1. Que retourne l'instruction randint(1,6) ?

2. Que teste l'instruction if randint(1,6)==6 ?

3. Exécuter cette fonction avec la valeur $n = 1\,000$ et écrire le résultat ci-dessous. Trouve-t-on toujours le même résultat ? Expliquer.

4. Quel cas pratique cette fonction modélise-t-elle et que retourne-t-elle ?

5. Modifier la fonction pour qu'elle retourne la fréquence d'obtention du 6.

5 Une voiture perd 10 % de sa valeur chaque année. On chercha à connaître son prix au bout de n années sachant qu'à l'achat, elle coûtait 35 000 €.

1. Compléter la fonction ci-dessous afin qu'elle affiche le prix au bout de n années entrée par l'utilisateur.

```
def prix(n):
    prix=35000
    for i in range(....):
        prix=prix-..................
    return .........
```

2. Copier ou ouvrir le script dans l'éditeur de Python. Quel est le prix de la voiture dix ans après l'achat ?

3. Quel est le prix de la voiture au bout de 15 années ?

6 Afin de faire une promotion sur les oranges, un supermarché décide de les présenter en faisant un empilement esthétique sous forme d'une pyramide à base carrée. Au sommet (étage 1), il y a une orange, au-dessous (étage 2), il y a quatre oranges. Au-dessous encore (étage 3), il y a neuf oranges, etc.

1. Combien y a-t-il d'oranges à l'étage i ?

2. Compléter la fonction ci-dessous afin qu'elle retourne le nombre total d'oranges pour réaliser une pyramide à n étages.

```
def pyramide(n):
    nbre_oranges=0
    for i in range(........,........):
        nbre_oranges=..............................
    return ......................
```

3. Combien faut-il d'oranges pour construire une pyramide de dix étages ?

7 **1.** Copier ou ouvrir la fonction suivante dans l'éditeur de Python.

```
def nbre_a(phrase):
    nbre_a=0
    for lettre in phrase:
        if lettre=="a":
            nbre_a=nbre_a+1
    return nbre_a
```

2. Exécuter cette fonction dans la console en écrivant l'instruction suivante.

```
>>> nbre_a("J'aime les maths")
```

Qu'obtient-on ? Expliquer le résultat.

3. Exécuter la fonction avec la phrase « Je vais à la plage » et expliquer le résultat.

Premiers pas

5. La boucle non bornée *while*

MÉMO

▶ Pour écrire certains programmes, il est parfois nécessaire de répéter une ou plusieurs instructions **un nombre inconnu de fois**. Lorsque le nombre de répétitions n'est pas connu à l'avance, on utilise une **boucle non bornée** qui est parcourue jusqu'à ce qu'une certaine condition ne soit plus vérifiée. Tant que cette condition est vérifiée, la boucle continue.

▶ **La syntaxe d'une boucle non bornée en langage naturel et en Python**

Langage naturel	Langage Python
Tant que condition **faire** instruction(s)	`while condition :` `    instruction(s)`

▶ Il n'existe pas d'instruction pour définir la fin de la boucle. C'est l'**indentation**, c'est-à-dire le décalage vers la droite d'une ou plusieurs lignes, qui permet de marquer la fin de la boucle.

Exemple : On veut déterminer le plus petit entier naturel n tel que la somme de tous les nombres entiers de 0 à n soit strictement supérieure à 1 000. Pour cela, on écrit le script ci-contre.

```
n = 0
somme = 0
while somme <= 1000 :
    n = n + 1
    somme = somme + n
```

- Tant que la condition *somme* ≤ 1 000 reste vraie, le script ajoute n à la somme. Dès que la variable *somme* devient supérieure à 1 000, la boucle s'arrête.
- La valeur de la variable n à la fin de l'exécution du script est 45. Cette variable n compte le nombre de fois où la boucle a été réalisée : c'est une **variable compteur**.

1 Le script ci-contre détermine le plus petit entier naturel n tel que la somme des carrés de 0 à n soit supérieure ou égale à 1 000.

```
n=1
s=0
while s<1000:
    s=s+n**2
    n=n+1
print(n)
```

1. Expliquer l'utilité de la variable n.

2. Que se passe-t-il si on inverse les deux instructions de la boucle ?

2 Un jardinier souhaite creuser un puits dans son jardin. Le prix du forage dépend de la profondeur du puits. Le premier mètre coûte 100 €, le second mètre coûte 20 €, le troisième 40 € et ainsi de suite en ajoutant 20 € tous les mètres.

1. Quel est le coût du forage d'un puits de dix mètres de profondeur ?

2. Le budget alloué à ce projet ne doit pas dépasser 700 €.
Le jardinier veut connaître la profondeur maximale qu'il peut atteindre avec une telle somme. Il écrit le script suivant.

```
profondeur=1
prix=100
while prix<=700:
    prix=prix+20
    profondeur=profondeur+1
```

a. Quelle est la valeur de la variable *profondeur* après l'exécution du script ?

b. Quelle profondeur maximale pourra atteindre le jardinier avec son budget ?

3 On lance deux dés à six faces parfaitement équilibrées et on additionne les deux résultats obtenus. La fonction suivante modélise les lancers de ces deux dés et simule le nombre n de lancers qu'il a fallu pour obtenir la somme 12.

1. Ouvrir ou copier la fonction dans l'éditeur Python.

```
from random import randint
def somme12():
    s=0
    n=0
    while s!=12:
        de1=randint(1,6)
        de2=randint(1,6)
        s=de1+de2
        n=n+1

    return n
```

2. Tester cette fonction trois fois et indiquer le nombre de lancers obtenu.

....

4 **1.** Traduire et écrire dans l'éditeur Python, la fonction écrite ci-dessous en langage naturel.

```
Définir mystere(x,y)
    Tant que x est non nul faire
        Si x est pair alors
            x ← x/2
            y ← 2y
        Sinon
            x ← x – 1
            z ← z + y
        Fin Si
    Fin Tant que
    Afficher z
```

....

....

....

....

....

....

....

....

....

....

....

2. Compléter le tableau à l'aide du script écrit précédemment.

x	2	5	2	100	5
y	3	15	– 8	0,01	2,3
z					

3. Que fait cette fonction ?

....

....

5 Un DAB (Distributeur Automatique de Billets) propose de ne distribuer que des billets de 10 € ou 20 €. Lors d'un retrait, le DAB distribue le moins de billets possible.

On considère la fonction suivante qui affiche le nombre de billets de chaque sorte distribués par un DAB pour une somme n d'argent.

```
1 def DAB(n):
2     if n%10!=0:
3         return "impossible"
4     else:
5         i=0
6         while n>=20:
7             n,i=n-20,i+1
8         billets_20=i
9         billets_10=n//10
10    return billets_10,billets_20
```

1. À quoi sert l'instruction de la ligne 2 ?

....

....

2. Combien de billets de 10 € et de 20 € obtient-on pour une somme d'argent retirée de 330 € ?

....

....

Premiers pas

6. Les chaînes de caractères

MÉMO

▶ En langage Python, une **chaîne de caractères** est une suite de plusieurs caractères (chiffres, lettres, symboles) rangés dans un ordre donné. Une chaîne de caractères se note entre guillemets simples ' ' ou doubles " ".

Exemples : • '6Eg*F' est une chaîne de cinq caractères. • " " est une chaîne de caractères vide.

▶ **Les opérations avec des chaînes de caractères**

Concaténation : +	Répétition : *	Égalité : ==	Différence : !=	Relation d'ordre : ordre lexicographique	

>>> x = "auto"
>>> y = "bus"
>>> x+y
'autobus'
	>>> x = "bla"
	>>> 3*x
	'blablabla'
		>>> x = "chien"
		>>> x == "chien"
		True
		>>> x == "chine"
		False
			>>> x = "chien"
			>>> x != "chine"
			True
			>>> x != "CHIEN"
			True
				>>> x = "fiole"
				>>> y = "folie"
				>>> x < y
				True
					>>> x = "foule"
					>>> y = "fou"
					>>> x < y
					False

▶ Pour déterminer **la longueur d'une chaîne de caractères**, on utilise la fonction len(). Les espaces sont comptés comme un caractère.

Exemple

```
>>> x = 'Bonjour à tous'
>>> len(x)
14
```

▶ On peut **extraire les caractères d'une chaîne** en notant le rang du ou des caractères à extraire entre crochets. Le premier caractère est le caractère de rang 0. Le deuxième est de rang 1, et ainsi de suite. Le rang du caractère à extraire doit être compris entre 0 et len(*chaîne*) –1.

Exemple : Chaîne de caractères : ' B o n j o u r   à   t o u s '

Rang : 0 1 2 3 4 5 6 7 8 9 10 11 12 13

Caractère(s) à extraire	Le 4e (ou de rang 3)	Du 1er au 3e (ou du rang 0 à 2)	Du 4e au dernier (ou du rang 3 à 13)	Du 2e au 5e (ou du rang 1 à 4)
Instruction et affichage	>>> x[3] 'j'	>>> x[0:3] 'Bon' ou >>> x[:3] 'Bon'	>>> x[3:14] 'jour à tous' ou >>> x[3:] 'jour à tous'	>>> x[1:5] 'onjo'

▶ On peut utiliser une **boucle bornée avec une chaîne de caractère**. Une instruction Python du type for caractere in chaine fait prendre à la variable *caractere* toutes les valeurs des caractères de la chaîne.

1 On considère la chaîne de caractères x = 'Ceci est un exercice que je fais avec plaisir !'.
Compléter le tableau ci-dessous.

Instruction		x[13]		x[13:17]		x[7]+x[17:20]
Affichage			'q'			
Question	Quelle est la longueur de la chaîne ?				Quel est le dernier caractère ?	

2 Compléter les affichages qui correspondent aux instructions ci-dessous.

```
>>> abc = 'trois lettres'
```

1. `>>> print(abc)` ....

2. `>>> print('abc')` ....

3. `>>> '1'+'2'+'3'` ....

4. `>>> 1 + 2 + 3` ....

5. `>>> abc + 'd'` ....

3 On souhaite dénombrer le nombre d'espaces dans une phrase. Pour cela, on propose la fonction suivante.

```
1 def nbre_espaces(phrase):
2     n=0
3     for caractere in phrase:
4         if caractere==" ":
5             n=n+1
6     return n
```

1. Traduire en langage naturel les lignes 4 et 5.

2. Quelle modification faut-il apporter au script pour qu'il affiche le nombre de lettres (y compris les apostrophes) qu'il y a dans la variable *phrase* ?

3. Contrôler le bon fonctionnement du script précédent avec la phrase : « Je n'ai pas peur de me tromper ». Le script doit afficher dans la console :

```
Le nombre de lettres de : "Je n'ai pas peur de me tromper" est 24.
```

4. On considère la fonction compter_lettre qui, pour une phrase et une lettre données par l'utilisateur, renvoie la fréquence d'apparition de cette lettre parmi les lettres de la phrase.

a. Compléter le script de cette fonction.

```
1 def compter_lettre(phrase, lettre) :
2     x, n, espace = lettre, 0, 0
3     for caractere in phrase :
4         if caractere == x :
5             n = ..........
6         elif caractere == ' ' :
7             espace = ..........
8     return ..........
```

b. Expliquer le calcul de la ligne 8.

4 **Les commandes** upper(), lower(), capitalize(), \t **et** \n.

1. Saisir dans la console Python les instructions suivantes et compléter les affichages.

```
>>> phrase = 'La vie est belle'
```

a. `>>> phrase.upper()` ....

b. `>>> phrase.lower()` ....

c. `>>> phrase.capitalize()` ....

2. En déduire le rôle des commandes upper(), lower() et capitalize().

3. Compléter le script ci-dessous qui demande à l'utilisateur son prénom, son nom et son âge et affiche, en respectant les majuscules et minuscules le résultat ci-contre :

```
Salut Prénom NOM
tu as age ans
```

```
def identite(nom,prenom,age):
    nom=..........
    prenom=..........
    age=str(age)
    print("Salut", ..........,..........,"\ntu as",
    ..........,"ans")
```

4. Quelle est l'utilité des instructions \n et \t ?

5 Compléter la fonction pour qu'elle affiche tous les caractères d'une phrase séparés par des tirets « - ». Par exemple, en saisissant « vive les vacances », le script affiche v-i-v-e- -l-e-s- -v-a-c-a-n-c-e-s-.

```
def tirets(phrase):
    for caractere in ..........:
        print(..........,"-",end="")
```

Premiers pas

7. Le graphe d'une fonction

MÉMO

▶ Les fonctions mathématiques se représentent graphiquement par des courbes. En langage Python, pour tracer la courbe représentative d'une fonction, on peut procéder de deux manières différentes selon les bibliothèques importées :

- la bibliothèque pylab que l'on peut renommer avec le raccourci (ou l'alias) pb ;
- les bibliothèques numpy et matplotlib . pyplot que l'on peut renommer avec les raccourcis respectifs np et plt.

Exemple : on veut tracer la courbe représentative de la fonction f définie sur [−3 ; 4] par $f(x) = 2x - 3$, c'est-à-dire l'ensemble des points $M(x\,;\,y)$ avec $y = f(x)$.

Avec la bibliothèque pylab

```
1 import pylab as pb
2 pb.axis([-4,5,-10,10])
3 pb.grid()
4 x = pb.linspace(-3,4,100)
5 y = 2*x-3
6 pb.plot(x,y)
7 pb.show()
```

Avec les bibliothèques numpy et matplotlib . piplot

```
1 import matplotlib.pyplot as plt
2 import numpy as np
3 plt.axis([-4,5,-10,10])
4 plt.grid()
5 x = np.linspace(-3,4,100)
6 y = 2*x-3
7 plt.plot(x,y)
8 plt.show()
```

▶ L'instruction axis([valeur1 , valeur2 , valeur3 , valeur4]) définit les dimensions du repère. Dans l'exemple ci-dessus, l'axe des abscisses du repère va de −4 à 5 ; l'axe des ordonnées va de −10 à 10.

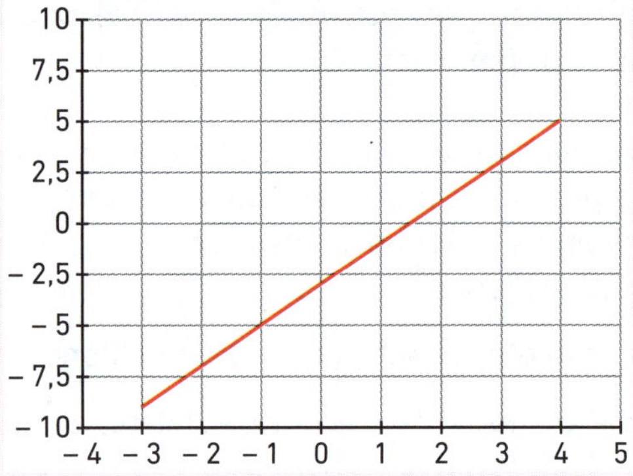

▶ L'instruction grid() permet d'afficher un quadrillage.

▶ L'instruction linspace(valeur1 , valeur2 , nombre_points) définit l'intervalle dans lequel x varie et le nombre de points calculés pour tracer la courbe. x varie ici dans l'intervalle [−3 ; 4] et la courbe sera tracée avec 100 points. La variable y est calculée en fonction de x aux lignes 5 et 6 des deux scripts ci-dessus.

▶ L'instruction plot(x , y) trace les points de coordonnées x et y.

▶ L'instruction show() permet l'affichage de la courbe.

1 Indiquer les dimensions du repère et l'intervalle dans lequel la fonction est définie et tracée.

```
import matplotlib.pyplot as plt
import numpy as np
plt.axis([-10,8,-16,30])
plt.grid()
x = np.linspace(-8,8,100)
y = x+13
plt.plot(x,y)
plt.show()
```

....

....

....

....

2 Compléter le script pour qu'il trace la courbe représentative de la fonction f définie sur [−4 ; 4] par $f(x) = x^2 + 2x - 1$. On se placera dans un repère de dimensions [−5 ; 5] sur l'axe des abscisses et [−10 ; 30] sur l'axe des ordonnées et on tracera 200 points.

```
import pylab as pb
pb.axis([ ........................................ ])
pb.grid()
x = pb.linspace( ........................................ )
y = ........................................
pb.plot(x,y)
pb.show()
```

3 On considère la fonction f définie sur l'intervalle $[-1 ; 6]$ par $f(x) = x^2 - 3x + 2$ et la fonction affine g définie sur $\mathbb{R}$ par $g(x) = 3x - 1$.

1. Compléter le script pour qu'il affiche les courbes représentatives de ces fonctions dans un repère de dimensions $[-1 ; 7]$ sur l'axe des abscisses et $[-1 ; 18]$ sur l'axe des ordonnées.

```
import pylab as pb
pb.axis([ .............................. ])
pb.grid()
x = pb.linspace(.................,100)
y = ..............................
z = ..............................
pb.plot(x, y)
..............................
pb.show()
```

2. En utilisant le graphique, déterminer les abscisses des points d'intersection des deux courbes.

4 On considère les fonctions f et g définies sur $[0 ; 30]$ par $f(x) = 3x - 40$ et $g(x) = -2x + 50$.

1. Écrire un script qui trace les courbes représentatives des fonctions f et g dans un repère de dimensions $[-1 ; 30]$ sur l'axe des abscisses et $[-1 ; 15]$ sur l'axe des ordonnées, avec 100 points tracés. On importera les bibliothèques numpy et matplotlib.pyplot.

2. Exécuter le script et déterminer graphiquement une valeur approchée de l'abscisse du point d'intersection.

3. Déterminer par le calcul cette abscisse.

5 Un fabricant de moteurs d'avions fournit chaque année à une compagnie aérienne x moteurs. Le coût moyen de fabrication pour x moteurs (exprimé en millier d'euro) est déterminé par la fonction C définie par $C(x) = -2x^2 + 28x + 30$ sur $]0 ; 25]$.

1. Écrire un script qui trace la courbe représentative de la fonction C dans un repère. Veiller à ce que le repère permette de voir la courbe dans son ensemble pour répondre aux questions.

2. En utilisant le graphique obtenu, déterminer une valeur approchée du nombre de moteurs fabriqués qui rendent le coût moyen maximal.

3. En utilisant le graphique obtenu, déterminer les coûts fixes d'un seul moteur fabriqué.

4. a. En utilisant le graphique obtenu, déterminer le nombre x de moteurs fabriqués qui rendent le coût moyen égal à 30 000 €.

b. Démontrer le résultat conjecturé précédemment.

Approfondissement

1. Les nombres et opérations

1 Compléter le tableau en donnant les résultats correspondant aux opérations écrites en langage Python.

Opération saisie	5*7	18/4	3**2	8//5	7%3	sqrt(3) (arrondir au centième)	2*7+1	2*(7+1)	sqrt(11)**2
Résultat									

2 On considère le script suivant.

```
x = 1
for i in range(1,5) :
    x = 0.5*(x + 2/x)
```

1. Compléter le tableau d'état pour qu'il donne toutes les étapes de la boucle. Arrondir les résultats au millième.

i		1			
x	1				

2. Quelle(s) modification(s) faut-il apporter au script pour qu'il affiche les résultats arrondis au millième ?

....

3 Roxane veut s'acheter un smartphone qui coûte 139,99 €. Elle a 10 € dans sa tirelire. Chaque mois, elle dépense un cinquième de sa tirelire et, à la fin du mois, gagne 40 € d'argent de poche en faisant du babysitting.

Roxane a commencé à écrire l'algorithme ci-contre en langage naturel.

1. *tirelire* ← 10
2. *mois* ← 0
3. Tant que *tirelire* < ....
4.   *tirelire* ← ....
5.   *mois* ← ....
6. Fin Tant que

1. Expliquer le rôle des deux variables *tirelire* et *mois*.

....

....

....

....

....

2. Compléter l'algorithme en langage naturel de Roxane puis l'écrire ci-contre en langage Python.

....

....

....

....

....

....

3. Compléter le tableau d'état en utilisant la calculatrice pour faire les calculs intermédiaires. Arrondir les résultats au centime d'euro. Le symbole V signifie que la condition de la boucle est vraie.

Tirelire	10						
Mois	0						
Condition	V						

4. Quelle est la valeur de la variable *mois* après exécution du script ? Que signifie-t-elle ?

....

....

4 **1.** Taper dans la console Python les instructions ci-contre et noter les valeurs affichées.

```
>>> from math import sqrt
```

a. `>>> sqrt(3)**2` ……………

b. `>>> sqrt(22)**2` ……………

2. Comment peut-on expliquer ces résultats ?

……………

5 On appelle « nombre parfait » un nombre qui est égal à la somme de tous ses diviseurs sauf lui-même. Par exemple, 6 est un nombre parfait car ses diviseurs sont 1, 2, 3 et 6, et 6 = 1 + 2 + 3.
On considère la fonction ci-contre.

```
1 def somme_div(n):
2     S=0
3     for k in range (1,n):
4         if n%k==0:
5             S=S+k
6     return S
```

1. Expliquer la ligne 4.

……………

2. Qu'obtient-on lorsqu'on écrit dans la console somme_div(12) ? Quelle est la signification de ce résultat ?

……………

3. Recopier et compléter la fonction ci-contre dans l'éditeur Python afin qu'elle utilise la fonction précédente somme_div et retourne « True » si n est parfait ou « False » sinon.

```
def parfait(n):
    S=……………
    if S==…:
        resultat=……………
    else:
        resultat=……………
    return resultat
```

4. Quel est le résultat affiché lorsqu'on saisit dans la console Python :
parfait(16) ? …………… parfait(496) ? ……………

6 On considère la fonction affine f définie par $f(x) = 2,3x - 4$.
Valentin et Yanis veulent écrire une fonction qui détermine si un point $A(x_A\,;y_A)$ appartient ou non à la représentation graphique $\mathscr{C}$ de la fonction f.

Valentin propose le script suivant.

```
def appartient(x_A,y_A) :
    if y_A == 2.3*x_A-4 :
        return("A appartient à C")
    else :
        return("A n'appartient pas à C")
```

1. Yanis lui dit que son script ne fonctionne pas. Il lui suggère de l'essayer avec le point $A(1\,;-1,7)$ qui appartient à $\mathscr{C}$. A-t-il raison ? Pourquoi ?

……………

2. Yanis propose alors la fonction suivante.

```
1 from numpy import isclose
2 def appartient(x_A,y_A) :
3     if isclose(2.3*x_A-4,y_A) :
4         return("A appartient à C")
5     else :
6         return("A n'appartient pas à C")
```

a. Copier ou ouvrir la fonction appartient dans l'éditeur Python et la tester avec le point $A(1\,;-1,7)$. Fonctionne-t-elle ?

……………

b. Expliquer l'instruction isclose de la ligne 3.

……………

Objectif
- Lier divisibilité et reste de la division euclidienne

Multiple et diviseurs Nombres Harshad

PARTIE 1 Diviseur d'un entier naturel

Soient a et b deux entiers naturels avec b non nul. Il existe un unique couple d'entiers naturels $(q\,;\,r)$ tels que $a = b\times q + r$ avec $0 \leq r < b$. On dit que q est le quotient et r le reste de la division euclidienne de a par b.

1 Soient n et d deux entiers naturels avec d non nul.

a. Si d divise n, que peut-on dire du reste de la division euclidienne de n par d ?

....

b. Si le reste de la division euclidienne de n par d est 0, que peut-on dire de d et n ?

....

c. Compléter la phrase ci-dessous :

« d divise n si et seulement le reste .... »

d. Écrire l'instruction Python qui permet de donner le reste de la division euclidienne de n par d. ?

....

2 Compléter la fonction ci-contre pour qu'elle retourne « True » si d divise n ou « False » si d ne divise pas n.

```
def diviseur(d,n):
    if ..............:
        resultat=..........
    else:
        resultat=..........
    return ..............
```

PARTIE 2 Somme des chiffres d'un nombre

On propose la fonction ci-contre.

```
1 def somme_chiffres(n):
2     C=str(n)
3     S=0
4     for k in C:
5         S=S+int(k)
6     return S
```

1 Quelle est la signification de la ligne 2 ?

....

2 Expliquer la ligne 4.

....

....

3 Que fait l'instruction int(k) dans la ligne 5 ?

....

4 À quoi sert la fonction somme_chiffre ?

....

5 Quelle est la somme des chiffres de l'entier 247438765215 ?

....

PARTIE 3 Nombres Harshad

Un nombre Harshad est un entier naturel non nul qui est divisible par la somme de ses chiffres.
Par exemple, 144 est un nombre Harshad, car il est divisible par la somme de ses chiffres qui est 9.

1 **a.** Écrire ci-dessous et dans l'éditeur Python une fonction nommée harshad qui prend pour argument un entier naturel non nul n et renvoie « True » si n est un nombre de Harshad ou « False » sinon. Cette fonction pourra utiliser la fonction précédente somme_chiffres.

....

....

....

....

....

....

....

b. Que retourne la fonction harshad lorsque :

$n = 144$? .... $n = 184\,957$? .... $n = 17\,928$? ....

2 **a.** Compléter la fonction ci-contre qui prend pour argument un entier naturel p et renvoie le nombre de nombres Harshad qu'il y a entre 10^p et 10^{p+1}.

b. Expliquer la condition écrite en ligne 4.

```
1 def nombre_harshad(p):
2     S=0
3     for k in range(..........,..............):
4         if harshad(...)==.........:
5             S=......
6     return ....
```

....

....

c. Copier ou ouvrir ce script dans l'éditeur Python et donner le nombre de nombre Harshad qu'il y a entre 100 et 1 000, puis entre 100 000 et 1 000 000.

....

....

3 **a.** Écrire ci-dessous dans l'éditeur Python, une fonction nommée min_harshad qui prend pour argument un entier naturel p non nul et retourne le plus petit entier supérieur ou égal à p et qui est un nombre Harshad.

....

....

....

....

....

b. Quel est le plus petit nombre Harshad supérieur à 125 347 ?

....

Approfondissement

2. Les racines carrées et les puissances

1 Traduire en écriture décimale les nombres ci-dessous écrits dans la console.

```
>>> 10**-3
```
....

```
>>> 10**6
```
....

```
>>> 10**-1
```
....

```
>>> 10**-9
```
....

2 Quel sera le résultat affiché des calculs suivants écrits dans la console ?

```
>>> 4**5/4**4
```
....

```
>>> 2**-3*2**6
```
....

```
>>> (10**2)**-3
```
....

```
>>> 2**3*2**5/2**7
```
....

3 On considère l'algorithme suivant écrit en langage naturel.

$n \leftarrow 5$
$m \leftarrow 2n^2$

1. Quelle valeur contient la variable m ?

....

2. Ajouter une troisième ligne à l'algorithme pour affecter à n sa valeur initiale 5 à partir de m.

$n \leftarrow 5$
$m \leftarrow 2n^2$
....

4 On considère l'algorithme ci-contre écrit en langage naturel.

Saisir n
Si $n \geq 0$ faire
$\quad sol1 \leftarrow \sqrt{n}$
$\quad sol2 \leftarrow -\sqrt{n}$
Fin Si
Afficher $sol1$, $sol2$

1. Qu'affiche cet algorithme avec $n = 36$?

....

2. Qu'afficherait l'algorithme avec $n = -16$?

....

....

3. Modifier l'algorithme pour qu'il affiche un résultat avec un nombre strictement négatif.

Saisir n
Si $n \geq 0$ faire
$\quad sol1 \leftarrow \sqrt{n}$
$\quad sol2 \leftarrow -\sqrt{n}$
Afficher $sol1$, $sol2$
....
$\quad$..................................
Fin Si

4. Que fait cet algorithme ?

....

....

5 Calculer avec la console les nombres ci-dessous.

$4^3 \times 7^{61}$: ....

$0{,}5^5 \times 2^6$: .... $(3^5)^7$: .... $3 \times 10^4 \times 5^2$: ....

6 **1.** Écrire ci-contre et dans l'éditeur, une fonction Python nommée deux_derniers, d'argument n, qui retourne les deux derniers chiffres d'un entier naturel n.

....

....

2. On considère la fonction ci-contre.

```
4 def p_dernier(n,p):
5     if n<10**(p-1):
6         resultat="n a moins de",p," chiffres"
7     else:
8         resultat=n%10**p
9     return resultat
```

a. Que renvoie cette fonction avec $n = 42764$ et $p = 3$?

....

b. Que renvoie cette fonction avec $n = 952$ et $p = 3$?

....

c. Que renvoie cette fonction avec $n = 725$ et $p = 5$?

....

3. Que fait cette fonction ?

....

4. Expliquer le test de la ligne 5.

....

....

....

....

7 On veut calculer le nombre $a = \sqrt{1+\sqrt{1+\sqrt{1+\sqrt{1}}}}$.

1. Combien y a-t-il de radicaux de racine carrée dans le nombre a ?

....

2. Compléter la fonction suivante pour qu'elle affiche le résultat de a lorsqu'on prend pour valeur de n l'entier trouvé à la question **1.**

```
from math import sqrt
def a(n):
    a=1
    for i in range(1,......):
        a=..........
    return a
```

3. Que vaut a(50) ?

....

8 **1.** Recopier ci-dessous le résultat des nombres 2^5, 2^{10}, 2^{15} et 2^{20} écrits dans la console.

....

....

2. Les nombres 2^n semblent devenir de plus en plus grands lorsqu'on prend des valeurs de l'entier n de plus en plus grandes.

```
def seuil(A):
    n=0
    while 2**n<A:
        n=n+1
    return n
```

On donne la fonction nommée seuil ci-dessus.

1. Ouvrir cette fonction dans l'éditeur et donner le résultat de seuil(2000).

....

2. Expliquer ce que fait cette fonction.

....

....

3. Déterminer le premier entier n tel que 2^n soit supérieur à dix millions.

....

Approfondissement

3. Les fonctions affines

1 Le prix d'un casque audio est affiché à 150 €.
On a écrit en langage Python le script suivant.

```
prix = 150
taux = 10
prix = prix + prix*taux/100
```

1. Quelle est la valeur de la variable *prix* après l'exécution du script ?

....

....

2. Que fait ce script ?

....

....

....

3. Quel est le prix du casque lorsque le taux est de – 15 % ?

....

2 Une cuve de fioul est formée par deux parallélépipèdes. Les dimensions sont exprimées en mètre.
Le volume de fioul contenu dans la cuve dépend de la hauteur du liquide.
On a écrit ci-dessous le script de la fonction volume, qui retourne le volume de fioul en fonction de la hauteur de liquide dans la cuve.

```
1 def volume(h) :
2     if h < 2.5 :
3         v = 6*h
4     else :
5         v = 12.5 + h
6     return v
```

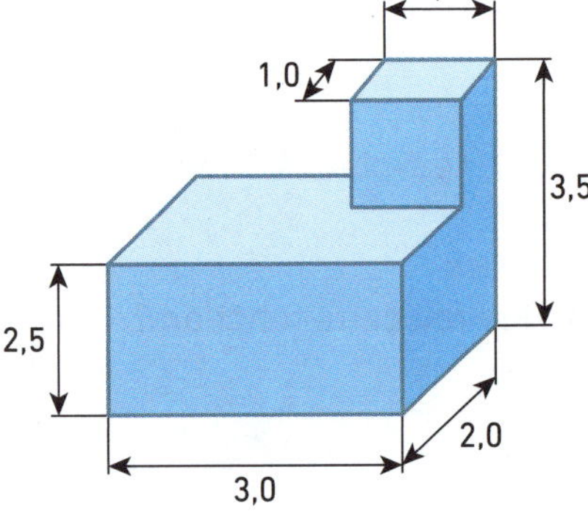

1. Expliquer les calculs des lignes 2 et 3 du script.

....

....

....

2. Expliquer le calcul de la cinquième ligne du script.

....

....

....

3 La population d'un village était de 3 000 habitants en 2017. Chaque année, le village perd 2 % de ses habitants. Le maire, qui est aussi informaticien, a écrit la fonction population suivante en langage Python.

```
1 def population(annee) :
2     pop = 3000
3     for k in range(1,annee+1) :
4         pop = pop*0.98
5     return pop
```

1. Que renvoie la fonction population pour :

a. un nombre d'années égal à 1 ? ....

b. un nombre d'années égal à 2 ? ....

2. Que permet de calculer cette fonction ? Être en particulier attentif à l'instruction de la troisième ligne du script.

....

....

3. Compléter le script ci-contre pour qu'il calcule le nombre d'années à partir duquel la population du village sera inférieure ou égale à 1 500 habitants.

```
annee_seuil = 0
pop = ..............................
while .............................. :
    annee_seuil = ..............................
    pop = population(annee_seuil)
```

4 Un étudiant commence ses études avec une somme de 1 200 € sur son compte bancaire. Il reçoit chaque mois une bourse d'un montant de 800 € et économise tous les mois 80 € qu'il verse sur son compte. Cet étudiant voudrait savoir au bout de combien de mois il aura sur son compte une somme strictement supérieure à 1 900 €. Pour cela, il a écrit le script suivant avec le logiciel Scratch.

```
quand [drapeau] est cliqué
mettre n à 0
mettre euros à 1200
répéter jusqu'à euros > 1900
    ajouter à n 1
    ajouter à euros 80
dire n pendant 2 secondes
```

1. L'étudiant a commencé à traduire ce script en un algorithme écrit en langage naturel. Compléter cet algorithme.

1. $n \leftarrow$ ....
2. *euros* $\leftarrow$ ....
3. Tant que *euros* ≤ 1900
4. ....
5. ....
6. Fin Tant que

2. Traduire cet algorithme en langage Python et l'utiliser pour répondre à la question de l'étudiant.

....

....

....

5 Une patinoire propose deux formules de tarification :

- **Formule A :** chaque entrée coûte 5,25 €.
- **Formule B :** on paye un abonnement à l'année de 12 € et chaque entrée coûte alors 3,50 €.

Le directeur de la patinoire a écrit la fonction tarifs ci-dessous.

```
def tarifs(entrees):
    return entrees*5.25,12+3.5*entrees
```

1. Que calcule la fonction tarifs ?

....

....

2. Combien de valeurs la fonction tarifs renvoie-t-elle ?

....

....

3. Utiliser cette fonction pour déterminer le nombre d'entrées nécessaires pour que la formule B soit plus avantageuse que la formule A.

....

....

....

6 On considère la fonction mathématique f définie pour tout nombre réel par :

$$f(x)=\begin{cases}2x+1 & \text{si } x\leq -1\\ 3x+2 & \text{si } -1\leq x<3\\ -x+4 & \text{si } x\geq 3\end{cases}$$

1. Compléter l'algorithme en langage naturel.

1. Si $x \leq -1$ alors
2. $\quad f \leftarrow 2x+1$
3. Sinon si .... alors
4. ....
5. Sinon
6. ....

2. À partir de l'algorithme précédent, écrire la fonction informatique affine_morceaux dans l'éditeur Python puis l'utiliser pour compléter le tableau de valeurs.

x	−5	−3	−1	0	2	3	11
$f(x)$							

Objectifs

- Utiliser des fonctions affines par morceaux
- Utiliser les résultats de géométrie du collège
- Travailler avec des fonctions informatiques

Fonctions affines par morceaux La machine à bulles de savon

Afin de faire des bulles de savon, une machine à bulles artisanale peut être équipée de plusieurs embouts.
Une fois l'embout choisi, on peut régler la taille des bulles grâce à un fil accroché à un point mobile sur le cadre de l'embout. La position du point mobile peut être réglé avec la précision de 1 mm.
On considère un embout rectangulaire $ABCD$ représenté ci-dessous.
Ses dimensions sont $AB = 4$ cm et $BC = 2$ cm.
Le fil est accroché en A et au point mobile M qui se déplace autour du cadre, à partir du point A, dans le sens $ABCDA$.
On appelle x la longueur parcourue par le point M depuis le point A.
La surface recouverte par le produit à bulles est au-dessous du fil tendu (surface hachurée ci-contre).

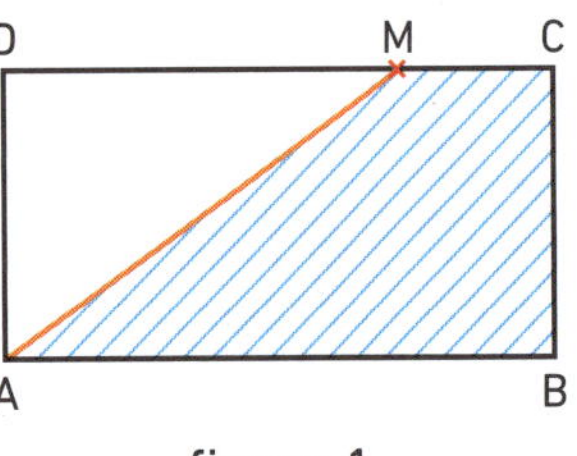

figure 1

PARTIE 1 Calcul de l'aire du produit à bulles

1 On considère la fonction aire ci-contre qui détermine la surface occupée par le produit à bulle, en fonction de la position de M.

```
1  def aire(x):
2      if 0<=x<=4:
3          resultat=0
4      elif 4<x<=6:
5          resultat=round(2*x-8,1)
6      elif 6<x<10:
7          resultat=round(x-2,1)
8      else:
9          resultat=8
10     return resultat
```

a. Expliquer le calcul de l'aire ligne 5.

....

....

....

....

....

b. Expliquer le calcul de l'aire ligne 7.

....

....

....

....

....

2 Faire tourner le programme et compléter le tableau suivant.

Position de M	3	5	6	7,5	9
Aire					

PARTIE 2 Position du point mobile

1 On souhaite connaître la position du point M lorsque l'aire de la surface du produit à bulles est donnée.

a. Peut-on donner une position unique du point M lorsque l'aire de la surface du produit à bulles est nulle ? Justifier.

....

....

b. Afin de contourner ce problème, on a commencé à écrire une fonction appelée position qui, connaissant l'aire a donnée, renvoie le plus petit chemin parcouru par le point M correspondant à cette aire.
Compléter le script de la fonction position ci-contre.

```
def position(a):
    x = 0
    while .............. < .....:
        x = round(x + 0.1,1)
    return x
```

2 Compléter le tableau ci-dessous :

Aire	0	3	6,5	7,3	7,9
Position de M					

PARTIE 3 D'autres embouts

On positionne maintenant un embout formé de deux rectangles identiques au rectangle $ABCD$ précédent tels que $BE = 2$ cm et $EF = 4$ cm. Le point M est mobile à partir du point A, selon le parcours $ABEFGCDA$. Pour des raisons techniques, le fil ne peut pas sortir du cadre. (exemple sur la fig. 3)

figure 2

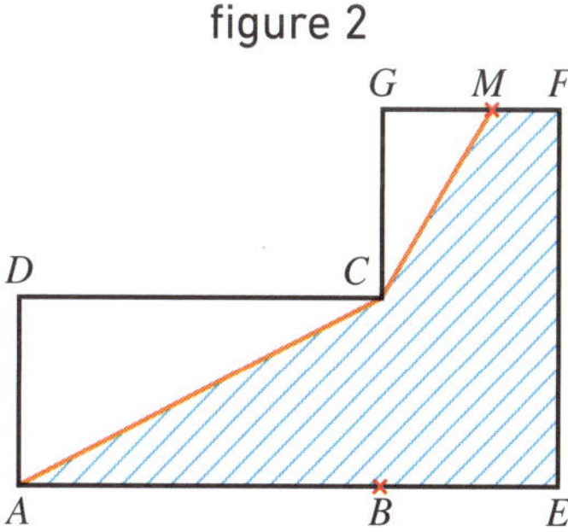

figure 3

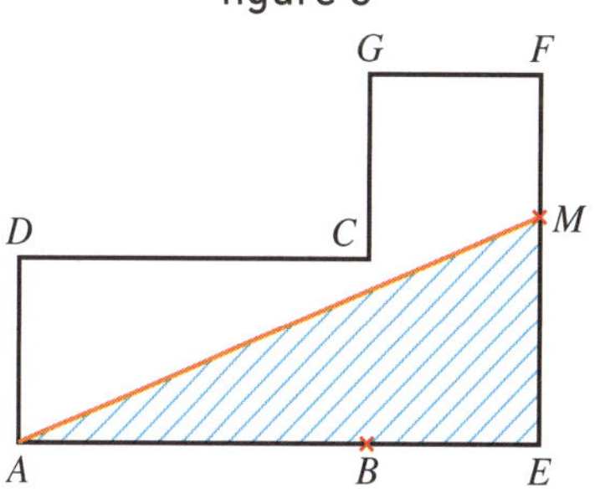

Écrire en Python la nouvelle fonction aire_bis, qui renvoie la surface du produit à bulles en fonction de la position de M sur le parcours $ABEFGCDA$.

```
def aire_bis(x):
    if 0<=x<=6:
        resultat=0
    elif 6<x<=9:
        resultat=round(3*x-18,1)
    ..........................
        ..............................
    ..........................
        ..............................
    ..........................
        ..............................
    ..........................
        ..............................
    ..........................
```

Approfondissement

4. Les systèmes d'équations

1 Un élève sait qu'il aura trois devoirs de mathématiques au cours du trimestre. Au premier devoir, il a eu 12, coefficient 1. Le professeur a indiqué deux possibilités pour la notation des deux devoirs suivants :

- le deuxième devoir coefficient 3, et le troisième devoir coefficient 1 ;
- le deuxième devoir coefficient 5, et le troisième devoir coefficient 2.

L'élève souhaite connaître les notes qu'il doit obtenir au deuxième et au troisième devoir pour avoir 14 de moyenne dans les deux cas de notation. Il note x et y les notes des deux devoirs et commence à écrire un algorithme incomplet en langage naturel.

```
Pour x allant de ........ à ........ faire
    Pour y allant de ........ à ........ faire
        Si ........................ et ........................ alors
            Afficher x et y
        Fin Si
    Fin Pour
```

1. Compléter cet algorithme.

2. Son ami traduit l'algorithme incomplet en langage Python. Compléter ce script. La commande isclose permet de tester si deux nombres sont très proches l'un de l'autre.

```
from numpy import isclose
for x ........................................ :
    for y ........................................ :
        if isclose(............................,14) and isclose(................................,14) :
            print(x,";",y)
```

2 On considère le système $\begin{cases} x+y=2 \\ x+\sqrt{y}=1 \end{cases}$ où x et y sont deux réels, et $y \geq 0$.

1. Montrer que résoudre ce système est équivalent à résoudre le système $\begin{cases} x=2-y \\ -y+\sqrt{y}=-1 \end{cases}$.

....

....

2. On cherche à déterminer une valeur approchée de y vérifiant $-y+\sqrt{y}=-1$. Pour cela, on considère la fonction suivante.

```
1 from math import sqrt
2 def equa_y():
3     y=0
4     z=0
5     while z>-1:
6         y=y+0.001
7         z=-y+sqrt(y)
8     return y-0.001,y
```

a. Expliquer la condition de la boucle non bornée.

....

....

b. Expliquer la ligne 8.

....

....

c. Après avoir exécuté la fonction, on obtient l'affichage :

```
2.6179999999998227
2.6189999999998226
```

Donner un intervalle d'amplitude 2×10^{-3} auquel appartient y.

....

....

3 On considère le système de trois équations à trois inconnues ci-contre.

$$\begin{cases} 2x+y+z=18 \\ x-2y-z=-7 \\ -4x+5y+3z=16 \end{cases}$$

On sait que ce système admet un unique triplet solution $(x\,;\,y\,;\,z)$ et que ce triplet est formé de nombres entiers naturels compris entre 0 et 10 inclus.

1. L'algorithme pour déterminer le triplet solution est écrit ci-contre en langage naturel mais il est incomplet. Compléter cet algorithme.

```
Pour x allant de ……………………
    Pour y allant de ……………………
        Pour z allant de ……………………
            Si …………………… et ……………………
              et …………………… alors
            Afficher ……………………
            Fin Si
        Fin Pour
    Fin Pour
```

2. Transformer cet algorithme en une fonction Python, nommée solutions, sans argument.

……………………

……………………

……………………

……………………

……………………

3. Quel est le triplet solution ? ……………………

4 Un groupe est constitué de dix enfants et d'un nombre inconnu d'adultes, hommes et femmes. On sait que le nombre d'hommes est au maximum de quarante, et que celui de femmes est au maximum de cinquante.

On choisit une personne au hasard dans le groupe. Pour un enfant, on ne distingue pas si c'est un garçon ou une fille.

On veut déterminer le nombre d'hommes et de femmes du groupe pour que la probabilité de choisir une femme soit égale à $\frac{1}{2}$ et la probabilité de choisir un homme soit égale à $\frac{1}{3}$.

1. Écrire un système qui modélise cette situation.

……………………

……………………

……………………

……………………

……………………

……………………

……………………

……………………

2. Copier ou ouvrir et compléter le script suivant puis déterminer le nombre d'hommes et de femmes.

```
from numpy import isclose
for x in range(……………… ) :
    for y in range(……………… ) :
        if isclose(………………,0.5) and isclose(………………,1/3) :
            print(x,";",y)
```

……………………

……………………

……………………

Approfondissement

5. Les fonctions carré et cube

1 Écrire une fonction aire_hachuree en langage Python qui renvoie l'aire de la partie hachurée sur la figure en fonction du rayon donné.
On s'aidera de l'algorithme suivant écrit en langage naturel.

1. aire_disque $\leftarrow \pi \times$rayon^2
2. aire_carre $\leftarrow$ $(2\times$rayon$)^2$
3. aire_hachuree $\leftarrow$ aire_carre – aire_disque

R

....

....

....

....

2 On considère la fonction f définie sur $\mathbb{R}$ par le script ci-contre.

```
def f(x):
    return -0.5*x**3+1
```

1. Donner l'expression de $f(x)$.

....

2. Compléter le tableau de valeurs de la fonction f avec les valeurs qu'afficherait le script si on l'exécutait pour les valeurs de x figurant en première ligne du tableau.

x	–4	–2	–1,5	–1	0	2,5	4	5,5	7
$f(x)$									

3. Quelles instructions faut-il écrire dans la console Python pour calculer $f(\sqrt{7})$?

....

....

4. a. Comment semble varier $f(x)$ lorsque x augmente dans $\mathbb{R}$?

....

....

b. Compléter la fonction seuil_f ci-dessous, écrite en langage naturel, qui n'a pas d'argument et qui renvoie le plus petit entier n supérieur ou égal à 0 tel que $f(n)$ soit inférieur strictement à -1000.

Définir seuil_f()
    $n \leftarrow 0$
    Tant que .... faire
        ....
    Fin Tant que
Retourner n

3 La fonction energie ci-contre écrite en langage naturel, retourne l'énergie cinétique (en joule, notée J) d'un objet en mouvement en fonction de sa masse m (en kg) et sa vitesse v (en m.s^{-1}).

```
def energie(m,v):
    return 0.5*m*v**2
```

1. Quelle est l'énergie cinétique d'un objet lancé à une vitesse de 12 m.s^{-1} et dont la masse est 10 kg ?

....

2. Écrire une fonction en langage Python donnant la vitesse de l'objet connaissant sa masse et l'énergie cinétique emmagasinée.

....

....

....

4 Lors d'un freinage d'urgence, la distance d'arrêt d'une voiture lancée à v km/h se décompose en deux parties :

- la distance de réaction (en m), qui est égale à la distance parcourue par le véhicule pendant une seconde en règle générale ;
- la distance de freinage (en m), qui est égale à 0,0065 v^2 si les pneus et la chaussée sont en bon état.

1. Compléter la fonction distance_reaction pour qu'elle renvoie la distance de réaction.

```
def distance_reaction(v) :
    return ..................
```

2. Compléter les fonctions ci-dessous pour qu'elles renvoient la distance de freinage puis la distance d'arrêt.

```
def distance_freinage(v) :
    return ..................
```

```
def distance_arret(v) :
    return ..................
```

3. Copier ou ouvrir les trois fonctions dans l'éditeur de Python puis compléter le tableau en arrondissant les résultats à 10^{-2} près.

Vitesse (en km/h)	30	50	90	110	130
Distance d'arrêt (en m)					

4. Par temps de pluie, les routes deviennent plus glissantes, augmentant ainsi la distance de freinage de 40 %.

Comment peut-on modifier la fonction distance_arret en une fonction distance_arret_pluie pour qu'elle renvoie la nouvelle distance de freinage ?

```
def distance_arret_pluie(v) :
    return ..................
```

5 On considère une pyramide de cubes posés les uns sur les autres comme sur le schéma ci-contre.
Le cube en haut de la pyramide mesure 1 cm de côté, celui en dessous 2 cm de côté, celui encore en dessous 3 cm de côté et ainsi de suite.

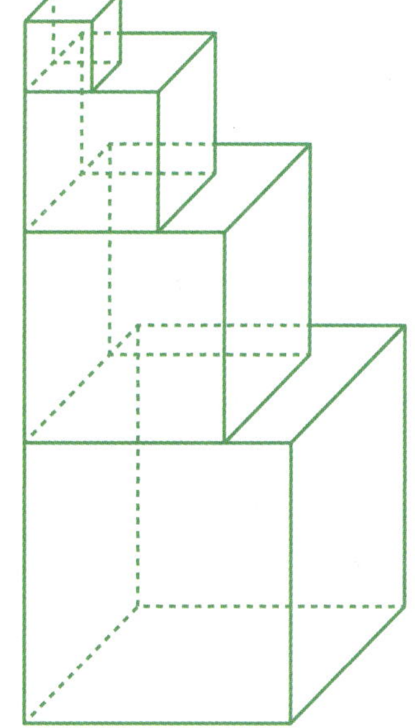

1. Quel sera le volume d'une telle pyramide formée de 6 cubes ?

....

2. a. Écrire une fonction volume en langage Python qui prend pour argument le nombre n de cubes et renvoie son volume.

....

b. Que doit-on saisir dans la console pour retrouver le résultat de la question **1** ?

....

3. a. Écrire ci-contre une fonction nombre_cube en langage Python qui prend pour argument un volume V et renvoie le nombre minimal de cube qu'il faut pour constituer la pyramide afin qu'elle ait un volume supérieur ou égal à V. Cette fonction pourra utiliser la fonction volume.

....

b. Combien de cubes faut-il au moins pour que le volume de la pyramide soit supérieur ou égal à 100 000 cm^3 ?

....

Approfondissement

6. La fonction inverse

1 On considère l'algorithme écrit en langage naturel suivant.

1. $S \leftarrow 0$
2. Pour i allant de 1 à 5 faire
3. $\quad S \leftarrow S + 1/i$
4. Fin Pour

1. Compléter le tableau d'état relatif à cet algorithme.

i	╳	1				
s	0					

2. Traduire cet algorithme en langage Python.

....

....

....

....

....

3. Que calcule cet algorithme ?

....

....

2 Lorsqu'on écrit le nombre $\frac{1}{13}$ dans la console de Python, on trouve :

```
>>> 1/13
0.07692307692307693
```

1. Que peut-on conjecturer sur la partie décimale de ce nombre ?

....

....

2. On veut déterminer la n-ième décimale de $\frac{1}{13}$.
Expliquer pourquoi la division euclidienne de n par 6 permet de déterminer cette n-ième décimale.

....

....

....

....

....

....

....

....

....

....

....

....

3. Compléter la fonction n_ieme_decimale(n) pour qu'elle renvoie la n-ième décimale de $\frac{1}{13}$.

```
def n_ieme_decimale(n) :
    if n%6== ................ :
        return 0
    elif ................ :
        return 7
    elif ................ :
        return ................
    elif ................ :
        return ................
    elif ................ :
        return ................
    else :
        return ................
```

3 On appelle $\mathscr{C}$ la courbe représentative de la fonction inverse.

1. Les points suivants appartiennent-ils à la courbe $\mathscr{C}$? Justifier la réponse.

$A(0\,;1\,000)$ $\quad$ $C(-80\,;-0{,}0125)$

$B(-0{,}000\,001\,;0)$ $\quad$ $D(60\,;0{,}016\,66)$

2. On considère le programme ci-contre.

```python
x=1
f=1
while f>0.003:
    x=x+1
    f=1/x
```

a. Que calcule ce programme ?

b. Copier ou ouvrir ce programme dans l'éditeur. Quelle est la valeur de la variable x après l'exécution du programme ?

4 Soit k un nombre entier naturel non nul. On considère la fonction f_k définie sur $]0\,;+\infty[$ par $f_k(x)=\dfrac{k}{x}$ et on appelle $\mathscr{C}_k$ sa courbe représentative. On appelle *points à coordonnées entières de* $\mathscr{C}_k$ les points de la courbe $\mathscr{C}_k$ de coordonnées $(a\,;f(a))$, où a et $f(a)$ sont des entiers naturels. On considère l'algorithme écrit en langage naturel avec $k = 4$ ci-dessous.

```
1. n ← 0
2. k ← 4
3. Pour i allant de 1 à k faire
4.    Si k/i = partie-entière(k/i) alors
5.        n ← n + 1
6.    Fin Si
7. Fin Pour
```

1. a. Expliquer l'instruction de la ligne 4.

b. Expliquer pourquoi la boucle bornée s'arrête à k.

c. Écrire cet algorithme en langage Python.

2. Quelles sont les valeurs de n pour $k = 24$? Pour $k = 1\,672$? Pour $k = 2\,017$?

3. Compléter le programme modifié ci-dessous pour qu'il calcule la longueur de la ligne brisée constituée de tous les points à coordonnées entières de la courbe $\mathscr{C}_k$.

```python
from math import sqrt

def distance(x1,y1,x2,y2) :
    return sqrt(......................................)

k = 4
x1 = 1
y1 = k
d = 0
for i in range(2,.....................................) :
    if k/i==int(k/i) :
        d = ......................................
        x1 = i
        y1 = k/i
```

Approfondissement

7. Les extremums de fonctions

1 Afin de conjecturer les variations de la fonction f sur l'intervalle $[a\,;b]$, on propose le script de la fonction variation.

```
def variation(f,a,b) :
    pas = (b-a)/100
    x,n = a,0
    while x < b :
        if f(x+pas) >= f(x) :
            n = n+1
        x = x+pas
    return n
```

1. Que fait la boucle ?

2. Combien de fois la boucle est-elle parcourue ?

3. Si la fonction f est croissante sur $[a\,;b]$, quelle est la valeur renvoyée par la fonction variation ?

4. Supposons que pour une fonction f particulière, la fonction variation renvoie 77. Que peut-on en déduire pour la fonction f ?

5. Que penser de l'affirmation : « la fonction variation renvoie 0 donc la fonction f est décroissante sur $[a\,;b]$ » ?

6. Traduire le script de la fonction variation en un algorithme en langage naturel.

2 Soit h un réel strictement positif. On considère un rectangle dont les dimensions sont h et $\frac{1}{h}$.

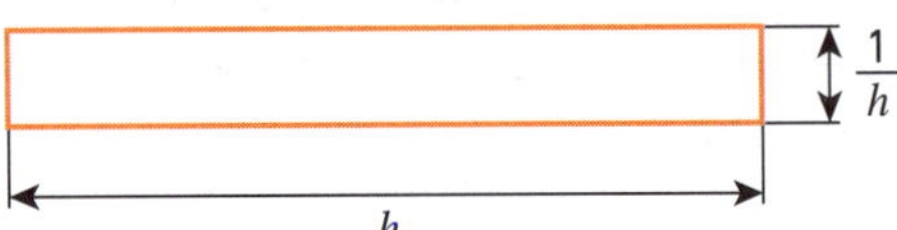

On veut déterminer h pour que le périmètre de ce rectangle soit le plus petit possible puis déterminer cette valeur minimale du périmètre. Pour cela, on propose le script ci-contre.

```
1 def perimetre(h) :
2     return(2*h+2/h)
3 def min(a,b,n) :
4     m = perimetre(a)
5     pas = (b-a)/n
6     x = a
7     for i in range(1,n+1) :
8         x = x+pas
9         y = perimetre(x)
10        if y < m :
11            m = y
12            val_min = x
13    return(round(val_min,2))
```

1. Que fait le script à la ligne 13 ?

2. En saisissant dans la console l'instruction min(0,5,100), on reçoit un message d'erreur. Pourquoi ?

3. En utilisant la copie de la console ci-contre, répondre au problème initial.

```
>>> min(0.1,10,1000)
1.0009000000000012
```

3 Une mairie souhaite réaliser un massif fleuri entouré d'un chemin piétonnier en bois d'une largeur de deux mètres. La surface totale de la parcelle (massif et chemin) doit mesurer 500 m^2.

La mairie veut déterminer les dimensions de la parcelle pour que la surface du massif fleuri soit la plus grande possible. On pose $AB = x$.

1. Écrire ci-contre une fonction aire_massif en langage Python qui détermine la surface du massif en fonction de la longueur *AB*, puis la copier dans l'éditeur Python.

2. *AB* varie dans l'intervalle $[a\ ;\ b]$. Déterminer a et b.

3. Compléter les fonctions ci-dessous afin qu'elles renvoient les valeurs de aire_massif(x) pour des valeurs de x comprises entre a et b avec un pas de 1.

```
def aire_massif(x) :
    return (……………………)
def tableau(f , a , b) :
    x = a
    while x < b :
        print('f(' , x , ') =' , round(f(x) , 2))
        x = x + ……………
```

4. Copier ou ouvrir le script dans l'éditeur Python, puis déterminer une valeur approchée au mètre près de *AB*.

5. Adapter le script pour en déduire un encadrement de *AB* au centimètre près.

4 Un éleveur de brebis souhaite créer un enclos ayant une surface de 450 m^2, adossé à une rivière qui servira de barrière naturelle sur le quatrième côté. Il veut déterminer la longueur de grillage nécessaire pour clôturer cet enclos.

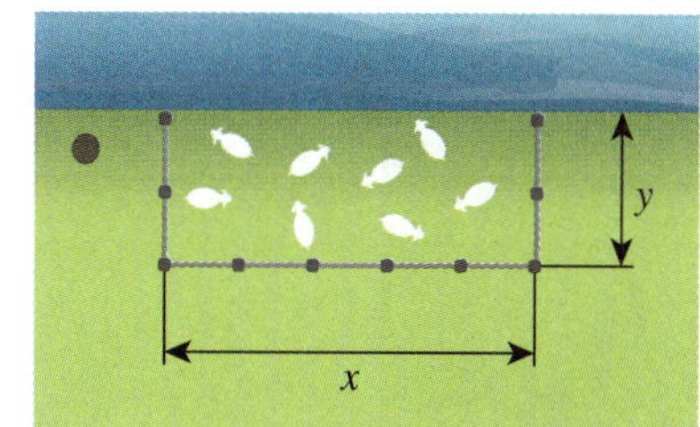

1. Déterminer la fonction mathématique qui donne la longueur de grillage nécessaire à la clôture de l'enclos en fonction de x.

2. À quel intervalle x appartient-il ?

3. L'éleveur souhaite déterminer les dimensions de l'enclos permettant d'utiliser le moins de grillage possible avec la contrainte $x \in [10\ ;\ 100]$. Pour cela, son ami informaticien lui propose d'utiliser la méthode suivante : prendre de manière aléatoire n valeurs différentes dans l'intervalle $]10\ ;\ 100[$ en utilisant la fonction uniform(10 , 100) qui renvoie un nombre réel aléatoire entre 10 et 100, puis calculer leurs images par la fonction f et les comparer pour en extraire la plus petite. Compléter le script de la fonction minimum.

4. En déduire la réponse au problème de l'éleveur.

```
from random import uniform
def longueur(x) :
    return x + 900/x
def minimum(f , a , b , n) :
    min = f(a)
    for i in range(……………) :
        x = uniform(……………)
        if f(x) < ……………… :
            min = ……………
            val = ……………
    return val , ……………
```

Objectifs

- Obtenir des valeurs approchées de $\sqrt{2}$
- Travailler avec des fonctions informatiques imbriquées
- Découvrir une méthode historique d'approximation de $\sqrt{2}$

Nombres réels Approximations de $\sqrt{2}$

PARTIE 1 Méthode de Héron ou méthode babylonienne

Héron d'Alexandrie, mathématicien grec du Ier siècle après Jésus Christ.

Afin de déterminer une valeur approchée de $\sqrt{2}$, les grecs cherchaient à construire un carré dont l'aire est égale à 2 à partir d'un rectangle de même aire.

Pour cela ils utilisent la technique suivante :

On considère un rectangle dont les côtés mesurent 1 et 2. Il est d'aire 2. On essaie de rendre ce rectangle plus « carré », l'aire devant rester toujours égale à 2. Pour cela on construit un nouveau rectangle dont la longueur est la moyenne de la longueur et de la largeur précédentes.

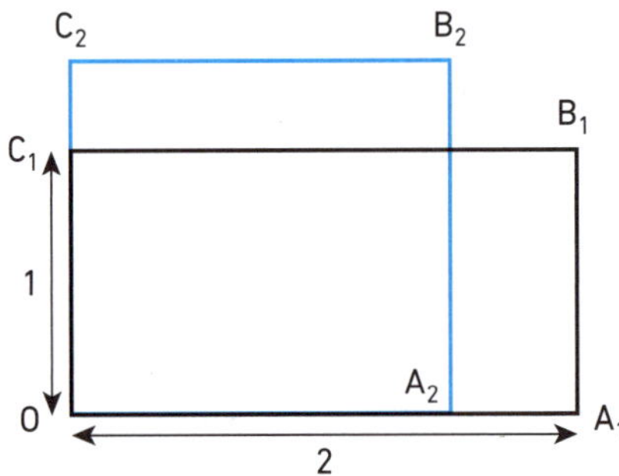

On construit donc un nouveau rectangle de longueur $\frac{1+2}{2}=1{,}5$ et d'aire égale à 2. Sa largeur est alors $\frac{2}{1{,}5}=\frac{4}{3}$.

En réitérant ce procédé indéfiniment, le rectangle se transforme petit à petit en un carré d'aire 2.

Son côté vaut alors $\sqrt{2}$.

Afin d'automatiser ce calcul, on considère la fonction ci-contre.

```
1 def heron(n):
2     l = 1
3     for i in range(n):
4         l=(l+2/l)/2
5     return l
```

1 Expliquer la ligne 4.

....

....

....

....

....

....

2 Quel est le rôle de n ?

....

3 Écrire cette fonction dans l'éditeur Python et compléter le tableau ci-dessous :

n	1	4	10	12
Valeur de l)				

4 Que constate-t-on sur les résultats en écrivant dans la console heron(10) et heron(12) ?

....

5 Quelle instruction doit-on écrire dans la console pour comparer heron(10) avec la valeur approchée de $\sqrt{2}$ donnée par Python ?

....

....

6 **a.** On a commencé à écrire ci-contre, une fonction nommée comparaison, d'argument n pour déterminer le nombre d'étapes nécessaires pour que la fonction heron() et la valeur de python de $\sqrt{2}$ soient identiques à 10^{-n} près.
Compléter la fonction. On peut utiliser la fonction valeur absolue abs().

```
from math import sqrt
def comparaison(n):
    ..........
    l = 1
    ........................................:
        l = (l+2/l)/2
        ....................
    return ..........
```

b. Écrire cette fonction dans l'éditeur Python.
Combien d'étapes sont nécessaires pour que la méthode de Héron donne une valeur approchée de $\sqrt{2}$ au centième ? Puis à 10^{-6} près ?

....

....

c. Que penser de l'efficacité de la méthode proposée par les grecs.

....

PARTIE 2 Méthode par balayage

On peut utiliser une autre méthode, appelée méthode par balayage, pour déterminer une valeur approchée de $\sqrt{2}$.
On considère la fonction suivante.

```
1 def approx_sqrt2(n):
2     l = 1
3     for i in range(n+1):
4         while l**2 < 2:
5             l = l + 10**-n
6     return round(l-10**-n,n)
```

1 Quel résultat obtient-on lorsqu'on exécute cette fonction avec $n = 3$? $n = 6$?

....

2 Expliquer la boucle for et le résultat a-10**-n retourné à la ligne 6.

....

....

....

....

3 Comparer l'efficacité des méthodes de Héron et par balayage.

....

....

....

Approfondissement

8. La proportionnalité

1 Dans l'industrie pétrolière, les volumes de pétrole s'expriment en barils et en gallons US, ou gallon américain. Le symbole des litres se note L.

1. Un gallon US, dont le symbole est gal US, vaut 3,785 411 784 L. Compléter le script de la fonction conversion_galUS_L pour qu'elle convertisse les gallons US en litres.

```
def conversion_galUS_L(V) :
    return ..........................
```

2. Écrire un script en langage naturel qui convertit 30 L en gallons US.

....

....

....

3. Un baril de pétrole, dont le symbole est bbl, vaut 42 gallons US. Compléter le script de la fonction conversion_bbl_galUS afin qu'elle convertisse les barils de pétrole en gallons US.

```
def conversion_bbl_galUS(n) :
    return ..........................
```

4. Parmi les deux scripts de la fonction conversion_bbl_L, entourer celui qui permet de convertir des barils en litre.

a.

```
def conversion_bbl_L(n) :
    return (conversion_galUS_L(conversion_bbl_galUS(n))
```

b.

```
def conversion_bbl_L(n) :
    return (conversion_bbl_galUS(conversion_galUS_L(n))
```

2 On considère deux vecteurs avec leurs coordonnées dans un repère du plan. On rappelle que deux vecteurs $\vec{u}\begin{pmatrix} x_u \\ y_u \end{pmatrix}$ et $\vec{v}\begin{pmatrix} x_v \\ y_v \end{pmatrix}$ sont colinéaires si et seulement si $x_u y_v - y_u x_v = 0$.

1. Expliquer ce que renvoie la fonction colineaire ci-contre.

```
def colineaire(x_u,y_u,x_v,y_v):
    if x_u*y_v-x_v*y_u==0:
        resultat=True
    else:
        resultat=False
    return resultat
```

....

....

....

2. Utiliser la fonction colineaire pour compléter le script :

- de la fonction alignement qui teste si les points $A(x_A\,;y_A)$, $B(x_B:y_B)$ et $C(x_C:y_C)$ sont alignés.
- de la fonction parallelisme qui teste si les droites (AB) et (CD) sont parallèles connaissant les coordonnées des points A, B, C et D.

```
def alignement(x_A,y_A,x_B,y_B,x_C,y_C) :
    if colineaire(..........................................) == True :
        return('points alignés')
    else :
        return('points non alignés')
def parallelisme(x_A,y_A,x_B,y_B,x_C,y_C,x_D,y_D) :
    if colineaire(..........................................) == True :
        return('droites parallèles')
    else :
        return('droites non parallèles')
```

3 Une cycliste souhaite préparer une promenade à vélo en utilisant une carte topographique IGN (Institut géographique national), dont l'échelle est de 1 : 25 000.

1. Compléter le script de la fonction kilometrage pour qu'elle détermine la distance réelle (km) à partir de la distance mesurée (cm) sur la carte.

```
def kilometrage(d) :
    return (..............................)
```

2. Utiliser la fonction kilometrage pour déterminer les distances réelles correspondant aux distances mesurées sur la carte par la cycliste.

Trajet	Distance mesurée (en cm)	Distance réelle (en km)
Longarisse – Plage du Lion	23,6	
Longarisse – Lacanau Océan	26,4	
Longarisse – Le Porge	40	
Longarisse – Le Moutchic	19,6	

4 La taille d'un écran est souvent donnée en pouce, unité de mesure notée *in* (venant de l'anglais *inche*). Le format d'un écran est généralement nommé par le rapport de sa longueur sur sa hauteur, comme les formats 16/9 ; 16/10 ou 4/3 par exemple.

Afin de prévoir la place nécessaire au stockage d'écrans, on veut écrire une fonction qui a pour arguments la taille de la diagonale en pouce et le format de l'écran et qui renvoie les dimensions (longueur et hauteur en centimètre) de cet écran. Un pouce vaut 2,54 cm.

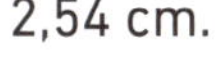

1. Compléter la fonction pouce_cm qui a pour argument la diagonale en pouce et la convertit en centimètre, arrondie au dixième de millimètre.

```
def pouce_cm(d) :
    return(..............................,..........))
```

2. Afin de déterminer les dimensions en centimètre d'un écran dont on connaît le format et la diagonale en pouce, on propose la fonction dimension.

Expliquer les calculs des lignes 3 et 4.

```
1 from math import sqrt
2 def dimension(format,diago) :
3     h = diago/sqrt(1+format**2)
4     L = format*h
5     return(pouce_cm(h),pouce_cm(L))
```

....

....

....

....

....

3. Écrire les fonctions dans un éditeur Python et les utiliser pour compléter le tableau suivant.

Appareil	Diagonale (in)	Format	Largeur (cm)	Longueur (cm)
Smartphone	3,5	16/10		
Smartphone	4	16/9		
Tablette	10	16/9		
Télévision cathodique	22	4/3		
Télévision LED	55	16/9		

Objectif

- Passer des scripts aux fonctions informatiques

Vitesse moyenne, vitesse instantanée La course du cycliste

PARTIE 1 Vitesse moyenne

Un cycliste effectue une course à vélo constituée d'une montée de 10 km suivie d'une descente de 4 km. Lors de la montée, le cycliste roule à une vitesse moyenne de 25 km.h^{-1}. La descente est plus rapide car il roule à une vitesse moyenne de 32 km.h^{-1}.

1 Compléter le script ci-contre pour déterminer le temps de montée, le temps de descente, la distance totale, le temps total et la vitesse moyenne totale de la course.

```
v1=25
d1=10
v2=32
d2=4
t1= ...
t2= ...
d_totale= ...
t_total= ...
v_totale= ...
```

2 Quelles sont les valeurs du temps de montée, du temps de descente, de la distance totale, du temps total et de la vitesse moyenne totale de la course ?

3 Exprimer t_1 en fonction de d_1 et v_1 puis exprimer t_2 en fonction de d_2 et v_2.

4 Simplifier le script précédent pour qu'il calcule la vitesse moyenne totale en ne prenant en compte que les distances d_1 et d_2 et les vitesses moyennes v_1 et v_2.

5 **a.** Transformer le script précédent en une fonction informatique vitesse_totale qui renvoie la vitesse moyenne de la course.
Cette fonction aura quatre arguments :

- la distance et la vitesse moyenne de la montée,
- la distance et la vitesse moyenne de la descente.

b. Vérifier que l'on retrouve la valeur de la vitesse totale moyenne.

PARTIE 2 Vitesse instantanée

On reprend les conditions de vitesse, de distance et de temps de course du cycliste de la partie 1. Lorsque le cycliste a effectué la montée, il n'a pas roulé à une vitesse constante dès le début. Il a dans un premier temps roulé assez lentement, pour s'échauffer, puis a augmenté sa vitesse régulièrement.

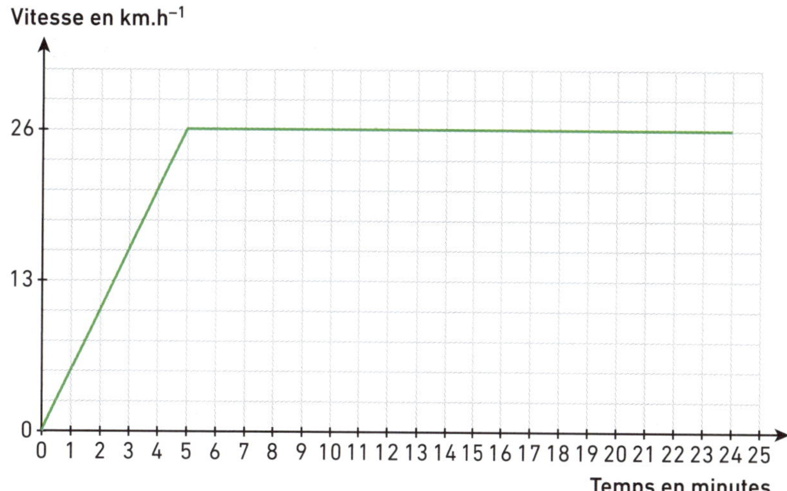

Le graphique représente sa vitesse (en km.h^{-1}) en fonction du temps (en min) durant toute la montée.

1 a. On a commencé à écrire en langage naturel, un algorithme qui détermine la vitesse (en km.h^{-1}) du cycliste en fonction du temps (en min). Compléter l'algorithme.

Si .... alors
  $v \leftarrow \dfrac{26}{5}t$
Sinon
  $v \leftarrow 26$
Fin Si

b. Expliquer le calcul $\dfrac{26}{5}t$.

....

....

....

2 a. Écrire une fonction vitesse en Python qui renvoie la vitesse (en km.h^{-1}) du cycliste en fonction du temps (en min).

....

....

....

....

....

....

b. Le script ci-contre permet de tracer la courbe représentative de la fonction vitesse.

Copier ou ouvrir ce script et vérifier le tracé.

```
import matplotlib.pyplot as plt
def vitesse(t):
    if 0<=t<=5:
        v=26/5*t
    else:
        v=26
    return v
a = 0
b = 24
n = 500
t = a
for k in range(n+1):
    plt.plot(t,vitesse(t),'r',marker ='.',ms = 2)
    t = t + (b-a)/n
plt.show()
```

Approfondissement

9. Les pourcentages

1 **1.** En 2019, l'inflation d'un pays (c'est-à-dire l'augmentation en pourcentage des prix des produits à la consommation) s'élève à a %.
Un produit coûte P € en 2018. Quel sera son prix P' en 2019 après l'inflation ?

....

2. En 2020, ce pays possède une nouvelle inflation de b %. Quel sera le prix P'' du produit en 2020 après avoir subi cette deuxième inflation ?

....

3. Compléter la fonction Python ci-contre qui retourne le prix P'' après les deux inflations successives.

```
def inflation(....,....,....):
    return ..........
```

4. On note p l'inflation moyenne annuelle sur les deux années 2019 et 2020. Exprimer P'' en fonction de P et p après deux inflations successives moyennes de p.

....

5. En déduire que $1+\frac{p}{100}=\sqrt{\left(1+\frac{a}{100}\right)\times\left(1+\frac{b}{100}\right)}$.

....

6. Écrire une fonction Python appelée inflation_moyenne qui retourne le taux d'inflation moyen annuel après deux inflations de a % et b % successives.

....

....

....

2 Soient deux quantités Q_0 et Q_1. On appelle évolutions réciproques les évolutions qui permettent de passer de Q_0 à Q_1 d'une part, et de Q_1 à Q_0 d'autre part.

1. Compléter l'algorithme en langage naturel ci-contre qui détermine le coefficient multiplicateur, noté *coef*, qui permet de passer de Q_0 à Q_1.

$Q_0 \leftarrow 200$
$Q_1 \leftarrow 240$
$coef \leftarrow$ ....

2. Compléter l'algorithme ci-contre qui détermine le coefficient multiplicateur réciproque, noté *coef-reci*, qui permet de passer de Q_1 à Q_0.

$Q_0 \leftarrow 200$
$Q_1 \leftarrow 240$
$coef\_reci \leftarrow$ ....

3 **1.** Une personne a perdu x % de son poids pendant le printemps mais reprend y % pendant l'été. À la fin, elle pèse N kg.
Écrire une fonction en Python nommée poids_init, d'arguments le poids final noté N, le pourcentage perdu pendant le printemps noté x et le pourcentage gagné pendant l'été noté y et retourne le poids initial de cette personne.

....

....

2. Quel résultat afficherait la fonction si on écrit dans la console l'instruction `>>> poids_init(84,10,5)` ? Arrondir au centième de kg près.

....

4 On considère l'algorithme ci-contre écrit en langage naturel.

```
A ← 20
Pour i allant de 1 à n faire
    A ← 1,1 × A
Fin Pour
Afficher A
```

1. Utiliser cet algorithme pour écrire une fonction en Python nommée exemple, d'argument n, qui retourne la valeur de A.

2. Quel résultat obtient-on avec $n = 30$?

5 Dans une forêt, on a recensé, en 2019, 20 000 espèces d'insectes. Chaque année, le nombre d'insectes diminue de 3 % à cause, entre autres, des pesticides. On note $2019 + n$, où n est un entier naturel, les années qui suivent l'année 2019.

1. Combien d'insectes y aura-t-il en 2020 ?

2. Compléter la fonction population ci-après, d'argument n, pour qu'elle retourne le nombre d'insectes l'année $2019 + n$.

```
def population(n):
    pop=........
    for i in range(...):
        pop=........
    return pop
```

3. Si le nombre d'insectes continue à évoluer avec le même modèle mathématique, combien restera-t-il d'insectes en 2050 ? Arrondir le résultat à l'entier le plus proche.

6 On considère deux pays A et B dont les populations étaient en 2019 de 50 millions d'habitants pour A et de 85 millions d'habitants pour B.
Chaque année, 3 % de la population de A s'installe en B et 5 % de la population de B s'installe en A.
On veut étudier l'évolution au cours du temps des populations des deux pays.
On note $2019 + n$, où n est un entier naturel, les années qui suivent l'année 2019.

1. Quels sont les nombres d'habitants des pays A et B en 2020 ?

2. On a écrit la fonction nommée populations ci-après, d'argument n.

```
1 def populations(n):
2     A=50000000
3     B=85000000
4     for i in range(n):
5         A,B=0.97*A+0.05*B,0.03*A+0.95*B
6     return A,B
```

Qu'affecte-t-on aux variables A et B ?

3. Expliquer la ligne 5.

4. Quelle sera la population des deux pays en 2060 ?

Objectifs

- Utiliser le calcul de pourcentages
- Utiliser les augmentations moyennes, successives et réciproques
- Utiliser des fonctions imbriquées

Pourcentages et évolutions Études de prix

PARTIE 1 Taux des taxes

Lorsqu'un produit est vendu, il possède un prix hors taxe (prix HT) et un prix toutes taxes comprises (prix TTC). Le prix TTC est le prix HT auquel on ajoute la TVA (taxe sur la valeur ajoutée) qui est un pourcentage fixé par la loi. Il existe plusieurs taux de TVA selon les types de produits ou de services.

1 Compléter la fonction prix_TTC ci-contre, d'arguments le prix HT, noté HT, et le taux de TVA, noté TVA, et qui renvoie le prix TTC.

```
def prix_TTC(HT,TVA):
    return ............
```

2 Écrire une fonction qui renvoie le prix HT connaissant le prix TTC et le taux de TVA.

```
def prix_HT(TTC,TVA):
    return ............
```

3 Écrire une fonction qui, connaissant le prix HT et le prix TTC renvoie le taux de TVA.

```
def TVA(TTC,HT):
    return ............
```

4 En utilisant ces fonctions, compléter le tableau suivant.

Prix HT	75			77,73
Prix TTC		126,6	12,25	85,50
TVA	20	5,5	2,1	

5 Un plombier doit rédiger un devis à son client. Il doit appliquer une TVA de 5,5 % sur les travaux de chauffage (chaudière), une TVA de 10 % sur les travaux de plomberie (robinets) et une TVA de 20 % sur l'installation des meubles de salle de bains. Le client veut faire installer une chaudière (230 € HT), deux robinets (30 € HT) et un lavabo (85 € HT).
Quelle instruction faut-il écrire dans la console pour déterminer le montant total TTC du devis ? Indiquer alors le montant de ce devis.

....

....

....

6 Suite à une augmentation du prix du gasoil, l'artisan plombier doit augmenter ses prix HT. Les prix HT des objets lourds (chaudière, meubles de salle de bain, ...) augmenteront de 3 %, les autres prix resteront inchangés.
En utilisant dans la console les fonctions précédentes, comment le client peut-il connaître le nouveau montant de son devis ?

....

....

....

7 Utiliser les fonctions précédentes dans la console pour déduire l'augmentation, en pourcentage, du nouveau devis.

....

PARTIE 2 Pourcentages et augmentations successives

1 Un prix augmente d'un certain taux constant chaque année. Compléter la fonction augmentations ci-dessous, d'arguments le prix initial noté initial, le taux d'augmentation noté taux et le nombre d'années noté n et qui retourne le prix final après les n années successives d'augmentations. On veut un affichage arrondi à deux décimales.

```
def augmentations(initial,taux,n):
        ..............................
                ..............................
        return round(..........,2)
```

2 Le prix moyen du mètre cube d'eau en France est de 3 € en 2019. On suppose que ce prix augmente de 1,5 % chaque année. Quel sera le prix moyen du mètre cube d'eau dans vingt ans ?

....

3 Compléter la fonction suivante pour qu'elle retourne le taux d'évolution entre deux quantités notées *initial* et *final*.

```
def taux_global(initial,final):
    return (....................)*100
```

4 Quelle instruction écrire dans la console pour calculer le taux global d'augmentation du prix moyen de l'eau sur les vingt années de la question 2 ?

....

....

5 On a écrit la fonction suivante.

```
def double():
    nbre_annee=0
    while augmentations(3,1.5,nbre_annee)<6:
        nbre_annee=nbre_annee+1
    return nbre_annee
```

a. Recopier cette fonction dans l'éditeur et écrire le résultat affiché lorsqu'on l'utilise.

....

b. Que fait cette fonction ?

....

....

6 Une étude a montré que de nombreux habitants changeront de fournisseur d'eau si le prix dépasse les 5 € au m^3.
Écrire une fonction tarif_max, sans argument, qui permette de prévoir à partir de quelle année la politique tarifaire devra être revue, si l'entreprise ne veut pas perdre ses clients.

....

....

....

....

....

Approfondissement

10. Les chaînes de caractères

1

```
1 identite ="Martin Durand-Dupont"
2 init = identite[0]
3 for i in range (len(identite)):
4         if identite[i] == ' ' :
5             init = init + identite[i+1]
6 print(init.upper())
```

1. Décrire ce que fait le script à la ligne 2.

2. Que fait la boucle bornée associée à la condition de la ligne 4 ?

3. À quoi sert l'instruction de la ligne 6 du script ?

4. Qu'affiche le script lorsque l'utilisateur saisit :

a. martin durand ?

b. martin dupont durant ?

c. martin dupont-durant ?

5. Comment modifier le script pour que les réponses aux questions **4.b** et **4.c** soient identiques à celle de la question **4.b** ?

2 On propose le script ci-dessous.

```
1 phrase = "Donner une expression"
2 affiche = phrase[0]
3 print(affiche)
4 for i in range(1,len(phrase)):
5     affiche = affiche + phrase[i]
6     print(affiche)
```

1. Que fait le script à la ligne 2 ?

2. Expliquer ce que fait la boucle bornée.

3. Que renvoie le script lorsque l'utilisateur donne l'expression « Stylé » ?

4. On remplace range(1, len(phrase)) par range(len(phrase)) à la quatrième ligne du script. Que se passe-t-il ?

3 On donne le script de la fonction essai.

```
def essai(n):
    n = str(n)
    return(len(n))
```

1. Quel est l'intérêt de l'instruction str(n) ?

2. Déterminer ce que renvoie la fonction pour les instructions suivantes.

a. essai(123) **b.** essai('Bonjour') **c.** essai(-596)

4 L'American Standard Code for Information Interchange (Code américain normalisé pour l'échange d'information), plus connu sous l'acronyme ASCII, est une norme informatique de codage de caractères apparue dans les années 1960. C'est la norme de codage de caractères la plus influente à ce jour.

1. Saisir les instructions suivantes dans la console Python et compléter ce qui s'affiche pour chacune d'elles.

a. `ord('A')` ……………… **b.** `ord('Z')` ……………… **c.** `chr(65)` ………………

2. Expliquer ce que font les fonctions ord() et chr().

5 Pour envoyer ses messages codés, Jules César utilisait une méthode de codage qui consiste à décaler chaque lettre de trois rangs dans l'alphabet. Ainsi, le A se transforme en D, le B en E, ..., et le Z en C.

1. a. Compléter le tableau en trouvant la lettre codée puis en utilisant la fonction ord() pour déterminer le code ASCII.

b. Compléter la phrase :

Utiliser le code César revient à ……………… au code ASCII des lettres en clair du message.

Lettre en clair	C	E	S	A	R
Code ASCII					
Code ASCII + 3					
Lettre codée					

2. À l'aide de la console Python, déterminer le code ASCII de l'espace.

3. On considère la fonction code_cesar qui reçoit un message et le renvoie codé.

```
def code_cesar(message) :
    message = message.upper()
    coder = ''
    for caractere in message :
        n = ord(caractere)
        n_code = n + 3
        lettre_c = chr(n_code)
        coder = coder + lettre_c
    return coder
```

a. Expliquer ce que fait la boucle bornée.

b. Copier ou ouvrir le script dans l'éditeur Python et déterminer le codage des mots ci-contre.

- CESAR ………………
- ROYAUME ………………
- bizarre ………………

c. Quel(s) problème(s) peu(ven)t être identifié(s) ?

```
def code_cesar(message) :
    message = message.upper()
    coder = ''
    for caractere in message :
        n = ord(caractere)

        if ………………

           ………………

        elif ………………

           ………………

        else :

           ………………
        lettre_c = chr(n_code)
        coder = coder + lettre_c
    return coder
```

4. Compléter le script ci-contre pour que le(s) problème(s) précédent(s) soi(en)t supprimé(s) puis écrire le codage du mot ZYGOTE.

5. a. Que faut-il faire pour décoder un message lorsque celui-ci est codé avec un décalage de 3 ?

b. Le message EUDYR YRXV HWHV IRUW a été codé avec un décalage de 3. Quel est le message en clair ?

Approfondissement

11. Les nombres aléatoires

1 On veut simuler cent lancers d'une pièce de monnaie parfaitement équilibrée.

1. On a commencé à écrire le script ci-contre qui compte le nombre de fois où l'on a obtenu *Pile* au cours des cent lancers. Compléter ce script.

Pile 

 Face

```
from random import randint
nbrepile = 0
for k in range(.............................. ) :
    p = randint(0,1)
    if p == 1 :
        nbrepile = ..............................
```

2. Modifier le script pour qu'il calcule la fréquence d'apparition de *Pile* au cours des cent lancers.

3. Améliorer le script en écrivant une fonction frequence_pile qui calcule la fréquence d'apparition de *Pile* pour un nombre de lancers choisi par l'utilisateur.

2 On considère la courbe de la fonction carré tracée ci-contre sur l'intervalle [0 ; 1] dans un repère orthonormé.

On a écrit le script d'une fonction aire qui permet de calculer une valeur approchée de l'aire hachurée en bleu.

```
1 from random import randint
2 from math import*
3 def aire(n) :
4     d = 0
5     for i in range(n) :
6         x = random()
7         y = random()
8         if y <= x**2 :
9             d = d+1
10    return(d/n)
```

1. Décrire ce que font les instructions des lignes 6 et 7.

2. Décrire ce que fait l'instruction conditionnelle des lignes 8 et 9 et ce qui est compté avec la variable d.

3. On a tapé l'instruction aire(1000000) dans la console Python et la valeur 0.333741 s'est affichée. Quelle conjecture peut-on faire sur la valeur exacte de l'aire hachurée ?

3 On considère l'expérience aléatoire : on choisit au hasard un entier entre 1 et 1 000.
On appelle O l'évènement : « Obtenir un multiple de 11 » et S l'évènement : « Obtenir un multiple de 7 ».

1. Compléter le script de la fonction realisation_O pour qu'elle simule n fois l'expérience aléatoire et renvoie la fréquence de réalisation de l'évènement O.

```
from random import randint
def realisation_O(n) :
    c = 0
    for i in range(n) :
        x = randint(1,1000)
        if x%11 == .................... :
            c = ....................
    return c/n
```

2. Que permet de compter la variable c ?

....

....

3. Copier ou ouvrir le script dans l'éditeur Python et donner deux valeurs retournées par la fonction realisation_O.

....

4. Écrire une fonction realisation_S qui renvoie la fréquence de réalisation de l'évènement S après n simulations de l'expérience aléatoire.

....

....

....

....

....

....

....

....

5. À l'aide du script précédent, écrire une fonction realisation_O_et_S qui renvoie la fréquence de réalisation des évènements O et S à la fois.

....

....

....

....

....

....

....

....

6. Écrire une fonction realisation_O_ou_S qui renvoie la fréquence de réalisation des évènements O ou S.

....

....

....

....

....

....

....

....

7. En utilisant les quatre fonctions précédentes, comment peut-on vérifier expérimentalement la formule $P(O \cup S) = P(O) + P(S) - P(O \cap S)$?

....

....

....

4 Une urne contient 12 boules blanches et 8 boules noires indiscernables au toucher. On choisit une boule au hasard dans cette urne.

Compléter la fonction ci-contre afin qu'elle simule cette expérience et renvoie la couleur de la boule choisie.

```
from random import random
def urne() :
    b = random()
    if b .................... :
        resultat = "...................."
    else :
        resultat = "...................."
    return ....................
```

Approfondissement

12. Les probabilités

1 On veut modéliser le lancer d'une pièce parfaitement équilibrée. Pour cela on propose le script ci-contre.

```
1 from random import randint
2 jeu = randint(0,1)
3 if jeu == 0 :
4     print ('P')
5 else :
6     print('F')
```

1. À quoi sert l'instruction de la deuxième ligne ?

....

....

2. On modifie le script de cette façon :

```
from random import randint
n = 1000
p,f = 0,0
for i in range(n):
    jeu = randint(0,1)
    if jeu == 0 :
        p = p + 1
    else :
        f = f + 1
q = p/n
```

a. Expliquer ce que fait ce nouveau script.

....

b. Parmi les résultats ci-dessous, certains n'ont pas pu être obtenus avec le script précédent. Déterminer lesquels et expliquer les choix.

0.0   1.2   0.458   0.752

....

....

2 On considère un dé pipé (truqué) de telle sorte que la face 6 apparaisse avec une probabilité de 0,4, la face 5 avec une probabilité de 0,2 et les autres faces avec une probabilité de 0,1.

```
from random import randint
de = randint(1,10)
if de == 1 :
    face = '1'
elif de == 2 :
    face = '2'
elif de == 3 :
    face = '3'
elif de == 4 :
    face = '4'
elif de == 5 or de == 6 :
    face = '5'
else :
    face = '6'
```

1. On considère le script ci-contre qui simule les lancers d'un tel dé.

a. Expliquer pourquoi on obtient la face 1 avec une probabilité égale à 0,1.

....

....

b. Expliquer pourquoi on obtient la face 5 avec une probabilité égale à 0,2.

....

....

....

....

....

2. Compléter l'algorithme ci-contre pour qu'il calcule la fréquence de chaque face de ce dé pipé après n lancés.

```
from random import randint
def de_pipe(n) :
    un , deux , trois , quatre , cinq , six = ..............
    for i in range(..............) :
        de = randint(1,10)
        if de == 1 :
            un = un + 1
        elif de == .............. :
            .............. = .............. + 1
        elif de == .......... :
            .............. = .............. + 1
        elif de == .......... :
            .............. = .............. + 1
        elif de == .......... or de == .......... :
            .............. = .............. + 1
        else :
            .............. = .............. + 1
    return(.........., .........., .........., .........., .........., ..........)
```

3 La planche de Galton, du nom de son inventeur Sir Francis Galton (1822-1911), est une planche verticale dans laquelle sont plantés six clous, placés en quinconces. Lorsqu'on lâche une bille en haut de la planche et qu'elle arrive au-dessus d'un clou, elle a autant de chance d'aller à droite qu'à gauche. La bille tombe enfin dans l'une des quatre cases numérotées de 1 à 4.

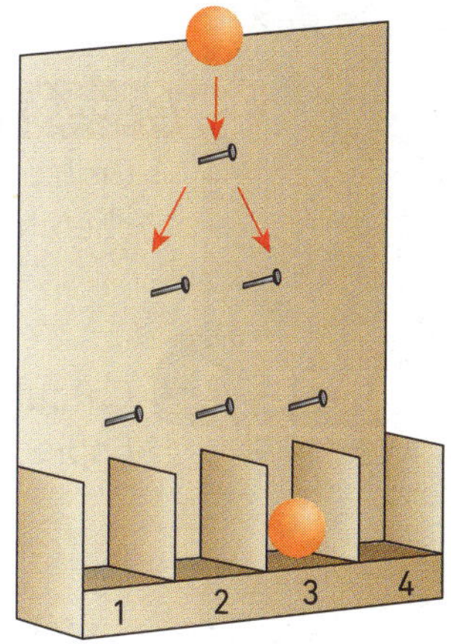

Le but de cet exercice est de simuler un grand nombre de fois cette expérience afin d'estimer la probabilité qu'a la boule de tomber dans chaque case.

1. Compléter le script de la fonction lacher_bille() pour qu'elle simule le passage d'une bille sur un clou.

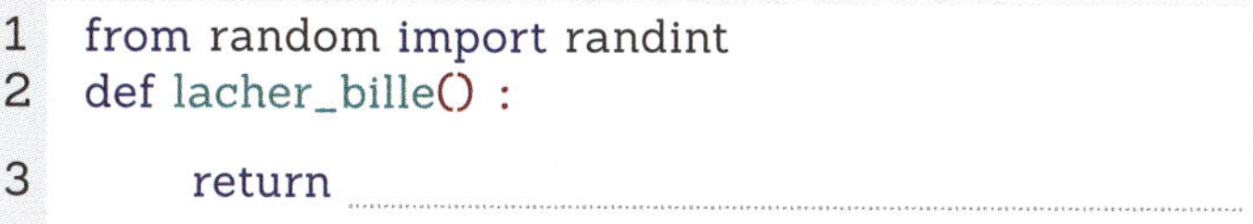

```
from random import randint
def lacher_bille() :
    return ..........
```

2. Compléter le script de la fonction planche qui simule le lâcher d'une bille le long de la planche et renvoie le numéro de la case dans laquelle la bille est arrivée.

```
def planche() :
    resultat = 0
    for i in range(3) :
        resultat = resultat + lacher_bille()
    if resultat == 0 :
        return ..........
    elif resultat == 1 :
        return ..........
    elif resultat == 2 :
        return ..........
    else :
        return ..........
```

3. Simuler plusieurs lâchers de bille. Quel est le résultat le plus fréquemment retourné ?

....

....

....

....

....

4. Afin de finaliser la simulation sur un grand nombre de lâchés de billes, on a créé la fonction lacher_plusieurs_billes qui renvoie la fréquence d'arrivée de la bille dans chaque case pour n billes lâchées. Compléter le script de cette fonction.

```
def lacher_plusieurs_billes(n) :
  n1,n2,n3,n4 = 0,0,0,0
  for i in range(..........) :
    res = planche()
    if res == 1 :
      n1 = n1 + 1
    elif res == .......... :
      n2 = ..........
    elif res == .......... :
      n3 = ..........
    else :
      n4 = ..........
  return(n1/n, .........., .........., ..........)
```

5. En utilisant le programme, déterminer quelles sont les cases où on a le plus de chances de trouver la bille.

....

....

....

....

....

Objectifs

- Simuler une expérience aléatoire.
- Conjecturer des résultats de probabilité.
- Démontrer les résultats conjecturés.

Expérience aléatoire Maximum du lancer de deux dés

On lance deux dés cubiques bien équilibrés et on note le plus grand des deux résultats. On cherche à simuler un grand nombre de lancers pour conjecturer la probabilité de chaque issue.

PARTIE 1 Calcul et affichage des fréquences de sortie des faces d'un dé

Copier ou ouvrir le programme suivant dans l'éditeur Python.

```
1 from random import*
2
3 def de():
4     return randint(1,6)
5
6 def frequence_faces(n):
7     un,deux,trois,quatre,cinq,six = 0,0,0,0,0,0
8     for i in range(n) :
9         k = de()
10        if k == 1 :
11            un = un + 1
12        elif k == 2 :
13            deux = deux +1
14        elif k == 3 :
15            trois = trois + 1
16        elif k == 4 :
17            quatre = quatre + 1
18        elif k == 5 :
19            cinqu = cinq + 1
20        elif k == 6 :
21            six = six + 1
22    return un/n,deux/n,trois/n,quatre/n,cinq/n,six/n
```

1. Que fait la fonction de ?

2. À quoi sert l'instruction de la ligne 7 ?

3. Expliquer ce que permet de renvoyer l'instruction de la ligne 22.

PARTIE 2 Simulation

On a commencé à modifier le programme précédent afin qu'il simule le lancer de deux dés et calcule la fréquence d'apparition des issues possibles.

1. Compléter le script de la fonction frequence_issues et l'écrire ou l'ouvrir dans l'éditeur de Python.

2. Écrire le résultat d'une simulation de 1 000 lancers en utilisant le programme ci-contre.

....

....

....

....

....

```
from random import*
def de():
    return randint(1,6)
def frequence_issues(n):
    un,deux,trois,quatre,cinq,six = 0,0,0,0,0,0,0
    for i in range(n):
        de1 = ..............................
        .......... = ..........()
        m = max(....................)
        if m == .................... :
            un = un + 1
..........................................
..........................................
..........................................
..........................................
..........................................
..........................................
..........................................
..........................................
..........................................
..........................................
    return ..............................
```

PARTIE 3 Démonstration du résultat conjecturé

1. Compléter le tableau suivant en écrivant les issues possibles de l'expérience aléatoire.

Dé 2 \ Dé 1	1	2	3	4	5	6
1						
2						
3						
4						
5						
6						

2. Déterminer les probabilités des issues possibles et comparer avec la simulation de la partie 2.

....

....

....

Approfondissement

13. Les paramètres statistiques

1 On considère l'algorithme ci-contre écrit en langage naturel.

1. *liste* ← [12;9;14;16;5;7;9;11;13;9;8;14;12;10]
2. $n \leftarrow 0$
3. Pour x dans la *liste* faire
4. Si $x \geq 10$ alors
5. $n \leftarrow n + 1$
6. Fin Si
7. Fin Pour

La liste écrite est un échantillon de notes d'élèves à un contrôle. La fonction len(liste) détermine la longueur de la liste, c'est-à-dire le nombre d'éléments de la liste.

1. Quel est le contenu de la variable n après avoir exécuté cet algorithme ?

....

2. Compléter le script suivant pour qu'il soit la traduction de l'algorithme en langage naturel.

```
liste = [12,9,14,16,5,7,9,11,13,9,8,14,12,10]
n = 0
for x ..........................................:
    if ..........................................:
        n = ..........................................
```

3. Modifier le script de la question **2.** pour qu'il calcule la fréquence des élèves qui n'ont pas obtenu la moyenne au contrôle en utilisant la fonction len.

....

....

....

....

....

....

2 Lors d'un examen, un élève a le relevé de notes suivant.

Matière	SVT	Maths	Physique	LV1	TIPE
Coefficients	6	9	6	3	bonus
Notes	5	15	12	9	12

Les TIPE sont comptés comme un bonus, c'est-à-dire que seuls les points au-dessus de la moyenne comptent et ils sont multipliés par 2. Un candidat est admis à cet examen s'il a une moyenne supérieure ou égale à 10.

1. On utilise les deux listes :
coefficients = [6,9,6,3] et notes = [5,15,12,9].
Pour multiplier deux éléments de rang i dans chaque liste, on utilise la syntaxe coefficients[i]*notes[i].
Le premier élément d'une liste est de rang $i = 0$.
Que vaut coefficients[2]*notes[2] ? À quoi correspond ce calcul ?

....

....

....

....

2. Compléter la fonction suivante pour qu'elle détermine si le candidat est reçu ou non.

```
def concours(coef, notes) :
    total = 0
    bonus = 0
    if notes[-1] > = 10 :
        bonus = (..........................................)*2
    for i in range(..........................................) :
        total = (total+..........................................)
    resultat = (..........................................)/sum(coef)
    return resultat
```

3 Suite à un grave accident sur la route RD 111 à Léognan, les mairies des communes limitrophes souhaitent installer un dispositif de contrôle. Elles envisagent d'installer un radar fixe afin de limiter la vitesse des automobilistes, la limitation de vitesse étant de 70 km/h. Pour cela, elles ont la possibilité de l'installer sur l'avenue de Léognan, soit dans le sens Cadaujac-Léognan, soit dans le sens Léognan-Cadaujac.

Pour les aider à choisir, on relève la vitesse (en km/h) des automobilistes pendant une heure et on obtient les résultats suivants.

Dans le sens Cadaujac-Léognan								
84	55	51	55	77	65	68	56	70
65	83	59	70	69	82	63	51	59
74	69	102	72	85	53	66	55	80
67	52	60	62	59	71	59	72	57
64	51	56	76	73	104	75	68	87
57	61	51	81	63	58	76	70	68
40	56	61	67	50	78	69	57	75

Dans le sens Léognan-Cadaujac								
65	68	45	64	79	67	60	53	78
83	69	46	69	101	88	64	49	69
68	77	62	87	91	65	55	60	49
68	64	94	67	51	74	64	49	62
61	68	69	56	70	52	47	59	53
52	61	50	54	61	54	54	93	48
76	86	58	60	65	65	63	51	64
54	75	63	110	60	69	73	62	82
95	68	92	60	60	86	70	67	55
55	50	69	60	75				

On souhaite comparer ces séries afin de choisir, en justifiant, le côté de la route sur lequel il serait le plus judicieux d'installer le radar.

1. Compléter la fonction ci-dessous afin qu'elle renvoie la moyenne des nombres inscrits dans une liste L.

```
def moyenne(L) :
    M = 0
    for i in range(..........................) :
        M = ..........................
    return ..........................
```

2. Afin de calculer la médiane, on propose la fonction suivante.

```
1 def mediane(L):
2     Lbis = sorted(L)
3     N = len(L)
4     if N%2==0:
5         mediane=(Lbis[N//2-1]+Lbis[N//2])/2
6     else:
7         mediane=Lbis[N//2]
8     return mediane
```

a. Expliquer l'instruction de la ligne 2. Pour cela, on pourra essayer de taper dans la console : sorted([5,12,9,2,17]).

....

b. Expliquer ce que fait le script de la ligne 4 à la ligne 7.

....

....

....

....

....

....

....

....

3. Compléter la fonction ci-dessous afin qu'elle renvoie Q_1 et Q_3.

```
def quartiles(L) :
    Lbis = sorted(L)
    N = len(L)
    Q1 = ..........................
    Q3 = ..........................
    return(Q1,Q3)
```

4. Compléter le tableau en utilisant les fonctions précédentes.

	Cadaujac-Léognan	**Léognan-Cadaujac**
Moyenne		
Médiane		
Q_1		
Q_3		

5. Que renvoie la fonction sup70 ?

```
def sup70(L):
    c=0
    for i in range(len(L)):
        if L[i]>70:
            c=c+1
    return c*100/len(L)
```

....

....

....

....

6. Dans quel sens vaut-il mieux mettre le radar ?

....

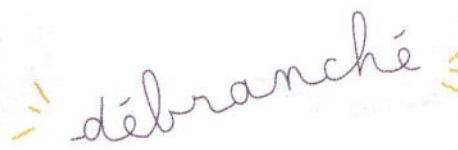

14. L'échantillonnage

1 On lance une pièce de monnaie équilibrée. L'algorithme ci-dessous, écrit en langage naturel, simule dix lancers de la pièce et compte le nombre de « Pile » obtenus.

```
1. compteur ← 0
2. Pour i allant de 1 à 10
3.     résultat ← nombre aléatoire entier 0 ou 1
4.     Si résultat = 1 alors
5.         compteur = compteur+1
6.     Fin Si
7. Fin Pour
```

1. Écrire cet algorithme en langage Python.

2. Modifier l'algorithme en langage naturel pour qu'il calcule le nombre de « Face » pour cent lancers.

3. Modifier de nouveau l'algorithme en une fonction qui retourne la fréquence de « Pile » sur un nombre n variable de lancers.

4. On considère une population dans laquelle on étudie un certain caractère de proportion p.
Lorsqu'on effectue des échantillons de taille n dans la population et que l'on observe la fréquence f du caractère dans chaque échantillon, on constate que ? dans environ 95 % des échantillons, f appartient à l'intervalle $\left[p-\frac{1}{\sqrt{n}}\,;p+\frac{1}{\sqrt{n}}\right]$.
On considère la fonction frequence ci-dessous.

```
1 from random import randint
2 def frequence(n):
3     compteur=0
4     for i in range(1000):
5         echantillon=[randint(0,1) for i in range(n)]
6         somme=0
7         for k in range(n):
8             somme=somme+echantillon[k]
9         frequence_echant=somme/n
10        if 0.4<frequence_echant<0.6:
11            compteur=compteur+1
12    return compteur/1000
```

5. Expliquer l'instruction conditionnelle de la ligne 10.

6. Que réalise cette fonction ?

2 Dans une usine automobile, on contrôle les défauts de peinture de type « grains ponctuels sur le capot ». Une production normale génère 20 % de capots avec ce défaut.
Lors d'un contrôle aléatoire portant sur cinquante capots, on constate que treize ont ce défaut.

1. Déterminer les paramètres statistiques de cette situation : population, caractère étudié, proportion théorique du caractère, taille de l'échantillon et fréquence de l'échantillon.

....

....

....

2. Compléter le script ci-contre pour que la liste L modélise un échantillon de vingt-cinq capots testés.

3. Copier ou ouvrir ce script dans l'éditeur de Python et le tester. Trouve-t-on souvent des capots qui possèdent le défaut ?

....

....

....

```
from random import random
def defaut() :
    if random()<0.2 :
        capot= ..................
    else :
        capot= ..................
    return ..................

L=[defaut() for i in range(............)]
```

3 On suppose que la probabilité qu'un nouveau-né soit une fille ou un garçon est la même et vaut 0,5.
Dans une petite ville du Mexique, 64 enfants sont nés en 2019, dont 47 filles.
On se demande si le hasard seul peut expliquer cette observation statistique.

1. Traduire en langage Python l'instruction suivante pour qu'elle simule dans une liste, un échantillon de 64 naissances.

echantillon ← liste aléatoire de 0 ou de 1

....

2. On veut réaliser cent échantillons (dans lesquels le 1 représente une fille et le 0 un garçon) et tester si la fréquence de filles dans les cent échantillons est souvent proche ou non de la fréquence de l'échantillon de 2018.
Compléter le script ci-dessous.

```
1  from random import randint
2  compteur=0
3  for i in range(..................) :
4      echantillon=[randint(....., .....) for i in range(.........)]
5      somme=0
6      for k in range(..................) :
7          somme=somme+echantillon[k]
8      frequence_echant=somme/..................
9      if frequence_echant>0.734375 :
10         compteur= ..................
11 print(compteur/100)
```

3. Expliquer la valeur 0,734 375 de la ligne 9.

....

....

4. Expliquer le rôle de la variable compteur.

....

....

....

5. Copier ou ouvrir le script dans l'éditeur Python et le tester plusieurs fois. Qu'affiche-t-il ? Comment interpréter cet affichage par rapport à la fréquence de filles dans l'échantillon mexicain de 2018 ?

....

....

....

....

....

....

Objectifs

- Prendre une décision à partir des résultats de plusieurs échantillons.
- Vérifier la propriété sur l'intervalle de fluctuation.

Échantillonnage — La mesure de satisfaction

On a réalisé des sondages lors de la sortie d'un film en salle. Ils montrent que deux tiers des personnes ayant vu le film l'ont aimé. Le directeur d'un cinéma pense que sa clientèle est dans le même état d'esprit. Il commande une enquête auprès d'un institut de sondage pour le vérifier.

PARTIE 1 — Étude de la population

Pour les besoins de l'enquête statistique, l'institut de sondage doit créer une fonction qui simule la réponse à la situation :

- Vous avez aimé le film, avec une probabilité $p=\frac{2}{3}$;
- Vous n'avez pas aimé le film, avec une probabilité $q=\frac{1}{3}$.

1 Compléter la fonction question ci-contre qui renvoie un 1 avec une probabilité de $\frac{2}{3}$ et un 0 avec une probabilité de $\frac{1}{3}$.

```
1 from random import randint
2 def question() :
3     if randint(0,2) ........ :
4         reponse=1
5     else :
6         reponse= ........
7     return reponse
```

2 Écrire cette fonction dans l'éditeur et la tester plusieurs fois.

3 Expliquer l'instruction à écrire à la ligne 3.

PARTIE 2 — Simulation d'échantillons de taille n

L'institut de sondage veut simuler des échantillons de taille variable. Pour cela, il crée la fonction ci-contre.

```
def echantillon(n):
    L=[question() for i in range(n)]
    return L
```

1 Expliquer l'instruction de la deuxième ligne.

2 Que seront les éléments de la liste L ?

3 Copier ou ouvrir la fonction echantillon et créer un échantillon de taille 20.

PARTIE 3 Validation de l'échantillon

L'institut de sondage veut maintenant déterminer le pourcentage d'échantillons dont la fréquence des personnes qui ont aimé le film appartient à l'intervalle $\left[p-\frac{1}{\sqrt{n}}\,;p+\frac{1}{\sqrt{n}}\right]$.

Pour cela, il écrit la fonction freq_echantillon et la fonction interv. Cette dernière est incomplète. On note te la taille de l'échantillon et ne le nombre d'échantillons réalisés.

```
def freq_echantillon(L) :
    return sum(L)/len(L)
```

```
from math import sqrt
def interv(te,ne) :
    Nf= ……
    for i in range( …… ) :
        f=freq_echantillon( …… )
        if …… <=f<= …… :
            Nf= ……
    return ……
```

1 Compléter la fonction interv ci-dessus.

2 Copier ou ouvrir cette fonction dans l'éditeur de Python et la tester plusieurs fois avec cent échantillons de taille 100. Les résultats sont-ils conformes à ce qu'attend l'institut ?

……

……

……

……

……

……

……

3 À la sortie du cinéma, l'institut de sondage interroge cent personnes. Les résultats sont les suivants.

```
[0, 1, 0, 1, 1, 1, 1, 1, 0, 1, 1, 1, 0, 1, 1, 1, 1, 1, 1, 1, 1, 1, 1, 1, 0]
[1, 0, 0, 0, 1, 1, 0, 1, 0, 0, 0, 1, 1, 1, 0, 1, 1, 1, 0, 1, 1, 1, 1, 1, 1]
[0, 1, 0, 1, 0, 0, 1, 1, 0, 1, 1, 0, 1, 1, 0, 0, 0, 1, 0, 1, 0, 0, 0, 1, 1]
[0, 1, 1, 0, 1, 1, 1, 0, 1, 1, 1, 1, 1, 1, 1, 0, 1, 1, 0, 1, 0, 1, 0, 1, 1]
```

a. En utilisant la fonction freq_echantillon, on trouve que la fréquence des personnes ayant aimé le film dans cet échantillon est égale à 0,66.

Écrire l'intervalle $\left[p-\frac{1}{\sqrt{n}}\,;p+\frac{1}{\sqrt{n}}\right]$.

……

b. Cette étude statistique remet-elle en cause l'affirmation du directeur de cinéma ?

……

……

……

……

……

Objectifs

- Utiliser l'ordinateur pour travailler avec des grands nombres
- Travailler la logique

Arithmétique et nombres premiers

Travailler sur des grands nombres

PARTIE 1 Un polynôme aux coefficients très grands

On considère la fonction f définie pour tout nombre réel par :

$$f(x)= x^{12}-66x^{11}+1\,925x^{10}-32\,670x^9+357\,423x^8-2\,637\,558x^7+13\,339\,535x^6 -45\,995\,730x^5+105\,258\,076x^4-150\,917\,976x^3+120\,543\,840x^2-39\,916\,800x$$

1 Sans calculatrice ni ordinateur, donner la valeur de $f(0)$.

....

2 Écrire une fonction poly qui calcule les valeurs de $f(x)$ et utiliser cette fonction pour les valeurs de x égales à 1 ; 2 ; 3 et 4.

....

....

....

....

....

3 Écrire un programme qui permet de trouver le plus petit entier x tel que poly(x) soit non nul. Quel est alors cet entier ?

....

....

....

PARTIE 2 De grands nombres premiers

Un nombre entier n est dit premier s'il possède deux diviseurs distincts seulement, 1 et lui-même. Le plus petit nombre premier est 2.

Dans la bibliothèque sympy de Python, la fonction isprime(n) renvoie True si n est premier et False sinon.

On a écrit en langage naturel l'algorithme ci-contre :

```
1. Pour n allant de 2 à 10 000
2.     Si n est premier alors
3.         Afficher n
4.     Fin Si
5. Fin Pour
```

1 Traduire cet algorithme en langage Python et l'écrire dans un éditeur.

....

....

....

....

2 Peut-on estimer la fréquence des nombres premiers inférieurs à 10 000 ?

....

3 Écrire une fonction frequence_premiers qui calcule la fréquence des nombres premiers inférieurs à un entier n donné.

4 Quelle est la fréquence des nombres premiers inférieurs à 10 000 ?

5 Quelle est la fréquence des nombre premiers inférieurs à :

1. 100 000 ? ..... **2.** 1 000 000 ? ..... **3.** 10 000 000 ? .....

(Laisser tourner l'ordinateur une minute et quarante secondes au moins.)

6 On démontre que la fréquence des nombres premiers inférieurs à n est environ $\frac{1}{\ln(n)}$ ($\ln(n)$ s'appelle le logarithme népérien de l'entier n ; cette fonction sera vue en classe de Terminale). Vérifier cette propriété pour les trois valeurs de l'entier n précédentes en utilisant une calculatrice et en arrondissant à 10^{-3}.

PARTIE 3 Travailler avec des nombres gigantesques

1 On a écrit dans l'éditeur de Python l'instruction `n = 5**(5**5)`. Écrire l'entier n en syntaxe mathématique. Quel est l'affichage lorsqu'on exécute cette instruction ?

2 On démontre que le nombre de chiffres d'un entier naturel n est égal à la partie entière du logarithme décimal de n, noté $\log10(n)$, à laquelle on ajoute 1.
Recopier et compléter la fonction ci-contre.

```
from math import log10
def nombre_chiffres(.....) :
    return int(.....)+1
```

3 Combien de chiffres possèdent les nombres 5^{5^5} et 8^{8^8} ?

4 Le nombre 10^{100} s'appelle « le gogol ». Le nombre 10^{gogol} s'appelle « le gogolplex ».
Combien de chiffres possèdent les nombres gogol et gogolplex ? On n'utilisera pas la fonction précédente mais on fera un calcul de tête.

Approfondissement

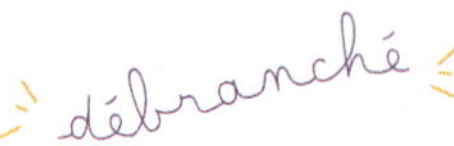

15. Le calcul d'angles

1

1. Rappeler la valeur de cos(60°).

....

2. Python ne calcule pas avec les angles exprimés en degrés. Il les convertit en une autre mesure appelée le radian. Pour convertir un angle en radian, on multiplie sa mesure en degrés par $\frac{\pi}{180}$.
Pour calculer avec la console Python la valeur de cos(60°), on écrit :

```
>>> from math import cos,pi
>>> cos(60*pi/180)
```

Quelle instruction doit-on écrire pour calculer sin(45°) ?

....

....

2 On a écrit dans la console Python les instructions suivantes. Les nombres sont exprimés en degrés.

```
>>> from math import cos,pi
>>> cos(180)
-0.5984600690578581
```

puis

```
>>> from math import sin,pi
>>> sin(30*pi/180)
0.49999999999999994
```

1. Expliquer les résultats trouvés.

....

....

2. On a écrit l'instruction ci-contre dans la console.
Le résultat en valeur approchée est-il correct ? Si oui, donner sa valeur exacte.

```
>>> from math import cos,pi
>>> cos(30*pi/180)
0.8660254037844387
```

....

3 On considère un phare situé en un point P dans la mer. Un géomètre mesure avec un goniomètre (instrument qui mesure les angles) l'angle $\widehat{BAP}$ et trouve 37°. Il mesure ensuite la longueur AB et trouve 500 mètres.

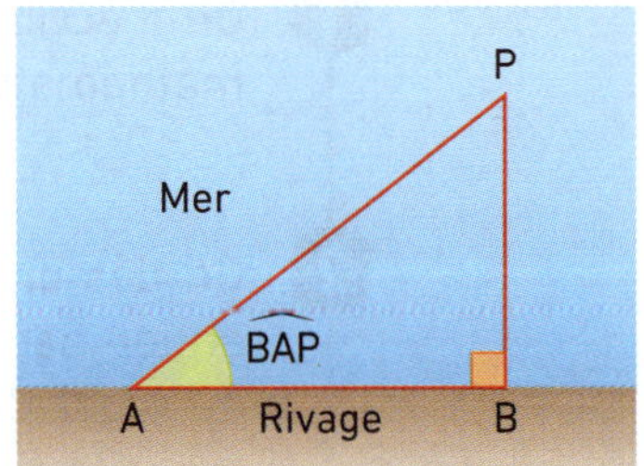

1. Exprimer BP en fonction de AB et de l'angle $\widehat{BAP}$.

....

2. Le géomètre veut pouvoir faire des mesures avec des angles et des longueurs variables. Il a commencé à écrire une fonction en langage naturel qui lui renvoie la longueur BP quand il connaît l'angle $\widehat{BAP}$ et la longueur AB.

a. Compléter les instructions de la fonction *longueur*.

1. **Fonction** longueur(*angle*,*AB*)
2. Retourner ....

b. Traduire cette fonction en Python.

....

....

....

3. À quelle distance du rivage se situe le phare ?

....

4 On dispose d'une bobine de rayon 15 cm autour de laquelle on enroule un fil électrique. Lorsqu'on enroule le fil, à chaque tour, il chevauche le fil enroulé au tour précédent. La longueur du fil enroulé est donc légèrement plus grande que le périmètre de la bobine. On estime que cette longueur ajoutée est de 1,5 mm à chaque tour.
On considère l'algorithme écrit en langage naturel ci-contre.

1. $R \leftarrow 15$
2. *longueur* $\leftarrow 0$
3. *nbre_tours* = 50
4. Pour i allant de 1 à *nbre_tours*
5. *longueur* $\leftarrow$ *longueur* $+ 2\pi R + 0{,}15$
6. Fin Pour

1. Traduire cet algorithme en langage Python.

2. Quelle longueur de fil entoure-t-on si on fait cinquante tours ?

5 **1.** À l'aide de la console de Python, comparer les nombres $\frac{22}{7}$ et π.

2. Montrer, en utilisant la console de Python, que $\frac{179}{57}$ est une meilleure approximation de π que $\frac{22}{7}$.

3. On veut déterminer le nombre de fractions $\frac{N}{D}$ telles que $\frac{N}{D}$ soit une meilleure approximation de π que $\frac{22}{7}$, pour tous les entiers N et D compris entre 1 et 1 000. On a écrit le script ci-contre.

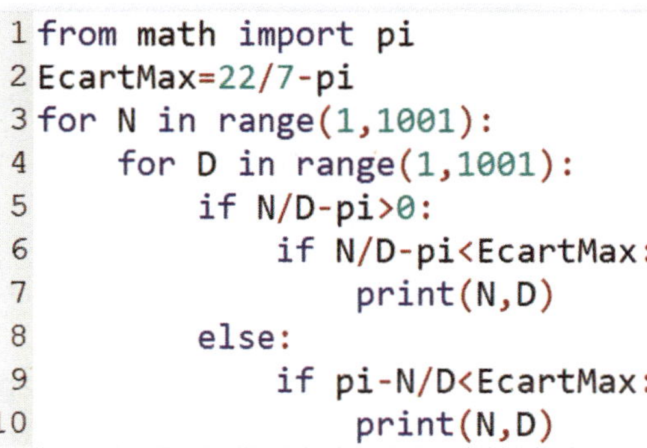

```
1 from math import pi
2 EcartMax=22/7-pi
3 for N in range(1,1001):
4     for D in range(1,1001):
5         if N/D-pi>0:
6             if N/D-pi<EcartMax:
7                 print(N,D)
8         else:
9             if pi-N/D<EcartMax:
10                print(N,D)
```

a. Expliquer pourquoi il y a deux boucles for.

b. Expliquer l'instruction conditionnelle de la ligne 5.

4. Copier ou ouvrir le script et déterminer toutes les fractions $\frac{N}{D}$ qui répondent au problème.

Approfondissement

16. Les triangles

1 On propose la fonction suivante.

```
from math import sqrt
def d(x_A,y_A,x_B,y_B):
    return sqrt((x_B-x_A)**2+(y_B-y_A)**2)
```

1. Que calcule cette fonction ?

....

....

2. Quel est l'affichage de d(2,3,-1,2) ?

....

3. On donne le script suivant écrit en langage naturel. Compléter le script.

1. $x_A \leftarrow 1$
2. $y_A \leftarrow 2$
3. Si .... alors
4. Afficher « Le point appartient au disque de centre O et de rayon 4. »
5. Sinon
6. Afficher ....

4. Que s'affichera-t-il si on programme cet algorithme ?

....

2 **1.** On donne trois longueurs a, b et c et on veut savoir si le triangle dont les côtés mesurent a, b et c existe. On considère la fonction suivante. Compléter la condition de l'instruction conditionnelle if.

```
def triangle(a,b,c) :
    if a < b + c and .............. and .............. :
        resultat=True
    else :
        resultat=False
    return resultat
```

2. La fonction max(a,b,c) renvoie le maximum de trois nombres a, b et c. En utilisant cette fonction, modifier la fonction précédente pour qu'elle renvoie la longueur du plus grand côté lorsque le triangle existe.

....

....

....

....

....

....

3 On a écrit une fonction qui teste si un triangle est rectangle ou non.

```
1 def triangle_rectangle(a,b,c):
2     if a**2 + b**2 == c**2 or a**2 + c**2 == b**2 or b**2 + c**2 == a**2 :
3         resultat=True
4     else :
5         resultat=False
6     return resultat
```

Expliquer les trois tests de la ligne 2.

....

....

4 Un triplet pythagoricien est un triplet d'entiers non nuls (a, b, c) tels que $a^2 + b^2 = c^2$.

1. Compléter le script ci-contre pour qu'il affiche la liste de tous les triplets pythagoriciens, avec $c \leq 50$. On veut la liste avec $a \leq b$.

```
for a in range (1,51) :
    for b in range(a,51) :
        for c in range(b,51) :
            if ........ == ........ :
                print(a,b,c)
```

2. Exécuter le script pour déterminer tous ces triplets pythagoriciens.

3. Modifier le script précédent pour qu'il détermine le nombre de triplets pythagoriciens avec $c \leq 200$. Combien y en a-t-il ?

5 *D'après sujet BAC S spécialité, Métropole, juin 2017*

On considère un triangle rectangle dont les longueurs des côtés sont des entiers naturels. On appelle « triangle rectangle presque isocèle » (TRPI) un triangle rectangle dont les côtés de l'angle droit ont pour longueur x et $x + 1$ et l'hypothénuse a pour longueur y, où x et y sont des entiers naturels.

1. On a écrit de manière incomplète et en langage naturel, un algorithme qui donne la liste de tous les TRPI pour $y \leq 1\,000$.

Compléter l'algorithme en langage naturel :

1. Pour x allant de ....
2. Pour ....
3. Si .... alors
4. Afficher(x, $x + 1$, y)
5. Fin Si
6. Fin Pour

2. Traduire cet algorithme en Python.

3. En utilisant le script précédent, donner tous les TRPI pour $y \leq 1\,000$.

6 On considère un triangle dont les côtés ont pour longueur a, b et c. Pour déterminer l'aire du triangle, on peut utiliser la formule de Héron : $\sqrt{p(p-a)(p-b)(p-c)}$, où p est égal au demi-périmètre du triangle.

Écrire une fonction heron qui renvoie l'aire d'un triangle dont on connaît les longueurs des côtés à l'aide de la formule de Héron.

Objectif

- Utiliser des boucles bornées et non bornées

Suites de nombres — Optimisation de trajets

Une grenouille rainette mesure entre 3 et 6 cm. Elle peut effectuer des sauts d'environ 30 fois sa longueur, entre 90 cm et 1,80 m.

On suppose qu'une grenouille rainette effectue des sauts sur une route plate. À chaque saut, la grenouille fatigue un peu. Ce qui fait qu'après chaque saut, la longueur parcourue est alors inférieure à la précédente de 10 %. Le premier saut de la grenouille rainette est de 1,6 mètre.

Saut 1 — Saut 2 — Saut 3 — Saut n

1,6 m

PARTIE 1 — Les sauts de la grenouille rainette

1 Compléter les longueurs des sauts ci-dessous en détaillant le calcul :

Saut 2 : .... m

Saut 3 : .... m

Saut 4 : .... m

2 **a.** Exprimer la longueur du saut 3 puis celle du saut 4, en fonction de la longueur du saut 1.

....

....

b. Exprimer la longueur du saut n en fonction de n.

Saut n : .... cm

c. La grenouille rainette s'épuise petit à petit et s'arrête pour se reposer dès que la longueur de ses sauts devient inférieure ou égale à 5 cm. Compléter la fonction epuisement ci-contre qui détermine le nombre de sauts que la grenouille peut enchaîner avant d'être épuisée.

```
def epuisement() :
    saut=1
    longueur= ..........
    while .......... :
        longueur= ..........**saut
        saut= ..........
    return saut
```

d. Utiliser cette fonction pour déterminer le nombre de saut que peut effectuer la grenouille rainette avant d'être épuisée.

....

....

....

....

3 Les rainettes n'ont pas toutes le même temps d'épuisement. Compléter les modifications commencées à la fonction epuisement à laquelle on a jouté un argument appelé saut_min qui permet de modifier la longueur du saut minimum indiquant que la grenouille est épuisée (ce saut minimum était de 5 cm à la question **2.c.**).

```
def epuisement(saut_min) :
    saut=1
    longueur= ..................................
    while .................................... :
        longueur= ......................**saut
        saut= ...............................
    return saut
```

4 On a écrit ci-contre, en langage naturel, une fonction nommée *distance*(*n*) qui calcule la longueur totale, en mètre, qu'a parcourue la grenouille en fonction du nombre n de ses sauts tant qu'elle n'est pas épuisée.

```
Fonction distance(n)
d ← 0
Pour i allant de 1 à n + 1 faire
    d ← d + 1,6 × 0,9^(i−1)
Retourner d
Fin Pour
```

a. Traduire cette fonction en langage Python.

....

....

....

....

....

b. Quelle est la distance parcourue après 20 sauts ? Arrondir au cm.

....

....

PARTIE 2 Distance maximum parcourue par la grenouille rainette

On suppose dans cette partie que la grenouille rainette ne s'épuise plus. Elle peut donc sauter indéfiniment.

1 Modifier la fonction distance(n) de la partie 1 pour qu'elle retourne le résultat en mètre arrondi au centimètre puis compléter le tableau ci-dessous.

Nombre de sauts	10	15	20	25	30	50	70	100	150
Distance parcourue (en m)									

....

....

....

....

....

....

2 Que peut-on conjecturer sur la distance parcourue par la grenouille rainette ?

....

....

17. Les vecteurs

1 Compléter la fonction coordonnees ci-contre pour qu'elle renvoie le couple de coordonnées d'un vecteur connaissant les coordonnées des points $A(x_A\,;y_A)$ et $B(x_B\,;y_B)$.

```
def coordonnees(xA,yA,xB,yB) :
    return ..........., ...........
```

2 Écrire une fonction norme qui renvoie la norme d'un vecteur $\vec{u}$ connaissant ses coordonnées $\begin{pmatrix} x \\ y \end{pmatrix}$ dans un reprère orthonormé.

3 On considère les points $A(3;1)$, $B(6;-2)$ et $C(-1;-4)$.

1. Quelle égalité vectorielle peut-on écrire pour traduire qu'un point D est l'image de C par la translation de vecteur $\overrightarrow{AB}$?

2. Déterminer les coordonnées du point D.

3. Compléter la fonction ci-contre, écrite en langage naturel, qui calcule les coordonnées d'un point image d'un autre point par la translation de vecteur $\overrightarrow{AB}$.

Fonction translate $(x, y, x_A, y_A, x_B, y_B)$:
$x \leftarrow$ ....
$y \leftarrow$ ....
Retourner x et y

4 On considère le vecteur $\vec{u}\begin{pmatrix} -2 \\ 3 \end{pmatrix}$ et le point $A(4;-5)$.

1. On a écrit la fonction suivante :

```
def vect_col(k):
    x=4-2*k
    y=-5+3*k
    return x,y
```

On considère un point M de coordonnées $(x\,;y)$.

Montrer que la fonction ci-dessus renvoie la valeur des coordonnées de M dans le cas où $\overrightarrow{AM} = k\vec{u}$.

2. Quelles sont les coordonnées du point M tel que $\overrightarrow{AM} = 3\vec{u}$?

5 On considère la partie du plan délimitée par le rectangle ci-dessous.

On note $\vec{u}\begin{pmatrix}3\\1\end{pmatrix}$.

1. On considère deux vecteurs $\vec{v}\begin{pmatrix}x_1\\y_1\end{pmatrix}$ et $\vec{v}'\begin{pmatrix}x_2\\y_2\end{pmatrix}$ dont les coordonnées sont des nombres entiers naturels. Écrire une fonction qui renvoie « True » si les deux vecteurs sont colinéaires et « False » sinon.

....

....

....

....

....

....

2. On choisit deux point $M(x_1\,;y_1)$ et $N(x_2\,;y_2)$ au hasard et à coordonnées entières, dans le rectangle ci-dessus.

Compléter le programme ci-contre écrit en langage naturel qui renvoie 1 si le vecteur $\overrightarrow{MN}$ est colinéaire au vecteur $\vec{u}$ et renvoie 0 sinon.

```
x1 ← nombre aléatoire entre ..............
y1 ← ..............
x2 ← ..............
y2 ← ..............
Si colinéaire (....., ....., ......., ......., ) est vrai alors
    resultat ← ..............
Sinon
    resultat ← ..............
Fin Si
```

3. Écrire ce programme en langage Python et l'utiliser dix fois. Noter la valeur de la variable resultat à chaque utilisation du programme.

....

....

....

....

....

....

....

....

....

....

....

4. Compléter le programme ci-dessous pour qu'il renvoie une valeur approchée de la probabilité d'obtenir un vecteur $\overrightarrow{MN}$ colinéaire au vecteur $\vec{u}$.

```
from random import randint
def proba(n) :
    nbre=0
    for i in range(..............) :
        x1= ..............
        y1= ..............
        x2= ..............
        y2= ..............
        if .............. :
            nbre= ..............
    return ..............
```

Travaux pratiques

Objectif

- Utiliser la programmation pour traiter de la logique mathématique

Logique La logique mathématique par la programmation

PARTIE 1 Un jeu algébrique

On veut écrire le programme du jeu suivant :

- l'ordinateur choisit au hasard un nombre entier entre 1 et 200 ;
- l'utilisateur propose à l'ordinateur des nombres ;
- l'ordinateur répond « plus grand », « plus petit » ou « gagné » lorsque l'utilisateur trouve le bon nombre.

1 Compléter le programme du jeu proposé ci-contre.

```
from random import randint
nombre=randint(1,200)
reponse=int(input("entrer un nombre entre 1 et 200"))
while reponse != ........................................ :
    if ........................................ :
        print("trop petit")
        reponse=int(input("entrer un nombre entre 1 et 200"))
    else :
        print("........................................")
        reponse=int(input("........................................"))
print("........................................")
```

2 Modifier le programme précédent pour qu'il compte et affiche le nombre de coups qu'il a fallu à l'utilisateur pour gagner.

....

....

....

....

....

....

....

....

....

....

....

....

....

....

....

....

PARTIE 2 Un jeu géométrique

On considère la liste suivante de quadrilatères : trapèze, parallélogramme quelconque, losange, rectangle, carré.

On veut construire le programme du jeu suivant :

- l'utilisateur du programme pense à l'un des quadrilatères de la liste précédente ;
- l'ordinateur pose des questions auxquelles l'utilisateur répond seulement par oui ou non jusqu'à ce que l'ordinateur trouve le quadrilatère pensé.

1 Compléter les phrases suivantes.

1. Si un parallélogramme a deux côtés consécutifs de même longueur, alors c'est un ……………………

2. Si un parallélogramme a un angle droit alors c'est un ……………………

3. Un trapèze quelconque n'est pas un ……………………

2 On a commencé à écrire en langage naturel l'algorithme à programmer. Compléter l'algorithme.

```
Demander « est-ce un parallélogramme ? »
Si reponse = 'non' alors
    Afficher « c'est un …………………… »
Sinon
    Demander « le parallélogramme a-t-il un angle droit ? »
    Si reponse = 'oui' alors
        Demander « a-t-il deux côtés consécutifs égaux ? »
            Si reponse = 'oui' alors
                Afficher « c'est un …………………… »
            Sinon
                Afficher « c'est un …………………… »
            Fin Si
    Sinon
        Demander « a-t-il …………………… ? »
            Si reponse = 'oui' alors
                Afficher « c'est un losange »
            Sinon
                Afficher « c'est un …………………… »
            Fin Si
    Fin Si
Fin Si
```

3 Programmer en langage Python cet algorithme et l'exécuter.

……………………

18. Les volumes

1 On donne ci-dessous des solides et des scripts calculant des volumes.
Associer chaque script à un ou plusieurs solides.

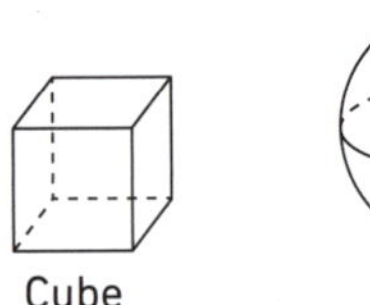
Cube

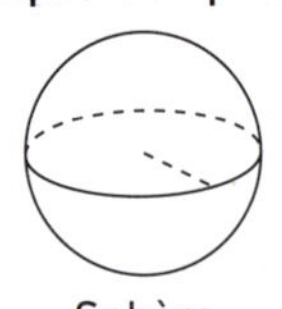
Sphère

Cylindre

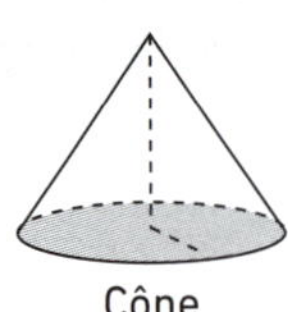
Cône

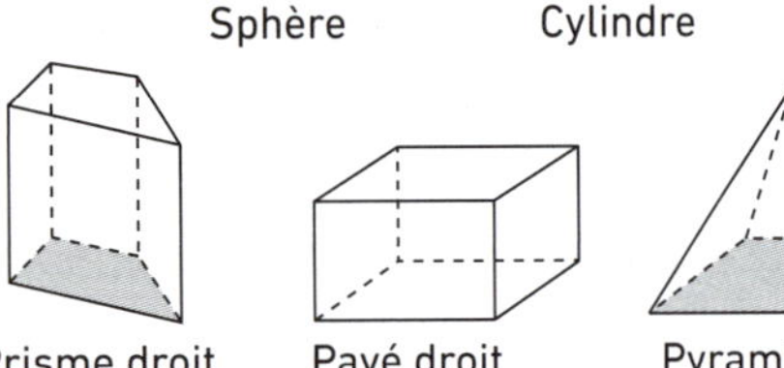
Prisme droit — Pavé droit

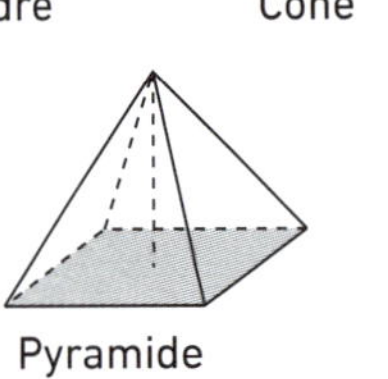
Pyramide

❶
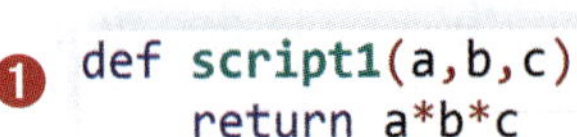
```
def script1(a,b,c):
    return a*b*c
```

❷
```
from math import pi
def script2(r):
    return 4/3*pi*r**3
```

❸
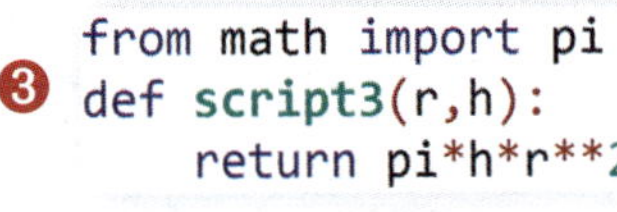
```
from math import pi
def script3(r,h):
    return pi*h*r**2
```

❹
```
def script4(c):
    return c**3
```

❺
```
def script5(B,h):
    return B*h
```

❻
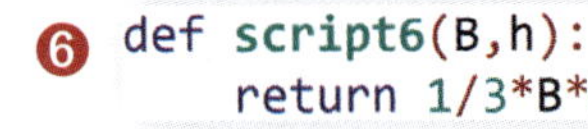
```
def script6(B,h):
    return 1/3*B*h
```

❼
```
from math import pi
def script7(r,h):
    return 1/3*pi*h*r**2
```

script 1 : .... ;

script 2 : .... ;

script 3 : .... ;

script 4 : .... ;

script 5 : .... ;

script 6 : .... ;

script 7 : ....

2 Leonhard Euler (mathématicien du XVIIIe siècle) a établi une formule liant les nombres de sommets, d'arêtes et de faces d'un polyèdre convexe (un polyèdre est dit convexe si le segment qui lie deux points quelconques du polyèdre est entièrement contenu dans le polyèdre).
La formule est : $S + F - A = 2$
où S représente le nombre de sommets, F le nombre de faces et A le nombre d'arêtes.

1. Écrire une fonction aretes, à deux arguments, qui renvoie le nombre d'arêtes connaissant le nombre de faces et de sommets.

....

....

2. Utiliser « à la main » la fonction précédente pour compléter le tableau.

Polyèdre	Nombre de sommets	Nombre de faces	Nombre d'arêtes
Cube	8	6	
Tétraèdre régulier	4	4	
Octaèdre régulier	6	8	
Icosaèdre régulier	12	20	
Dodécaèdre régulier	20	12	

3 Afin de réaliser un escalier de piscine, on utilise des blocs cubiques de 20 cm de côté que l'on empile, sans trou, de la façon indiquée sur le dessin ci-contre.

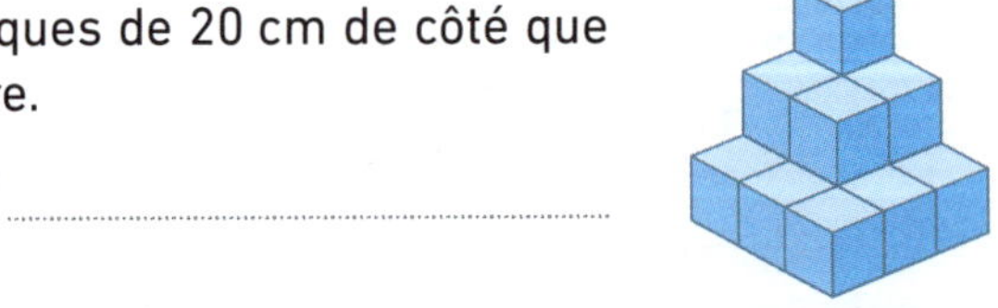

1. Combien de blocs ont été utilisés pour la structure ci-contre ? ....

2. On considère le script suivant.

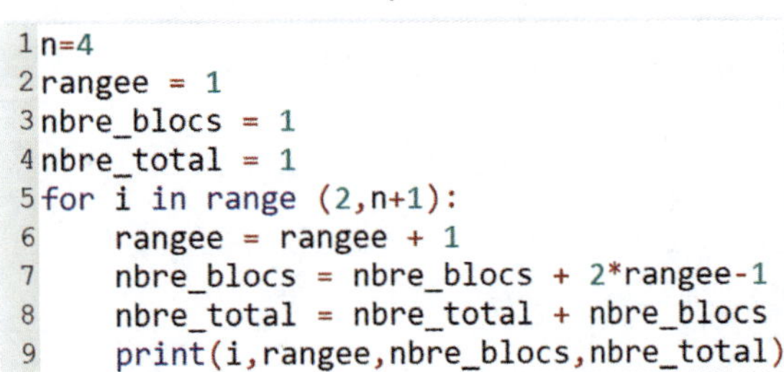
```
n=4
rangee = 1
nbre_blocs = 1
nbre_total = 1
for i in range (2,n+1):
    rangee = rangee + 1
    nbre_blocs = nbre_blocs + 2*rangee-1
    nbre_total = nbre_total + nbre_blocs
    print(i,rangee,nbre_blocs,nbre_total)
```

Compléter le tableau d'état suivant lorsque $n = 4$.

i	rangee	nbre_blocs	nbre_total
	1	1	1

4 On considère une pyramide à base carrée de côté 10 cm et de hauteur 12 cm. Dans cette pyramide, on a inscrit un pavé droit à base carrée. On veut déterminer la hauteur du pavé correspondant à son volume maximal. Soit x la hauteur du pavé et c la longueur du côté du carré de sa base.

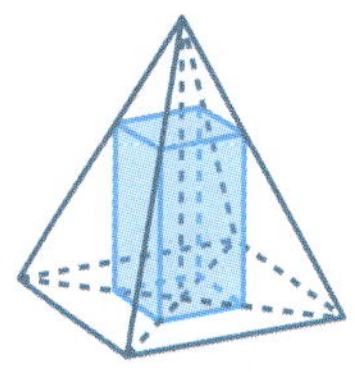

1. x prend ses valeurs dans un intervalle $[a\ ;\ b]$. Déterminer a et b.

……………………………………………………

2. On considère la fonction suivante.

```
1 def volume(x):
2     return(x*(5/6*(12-x))**2)
```

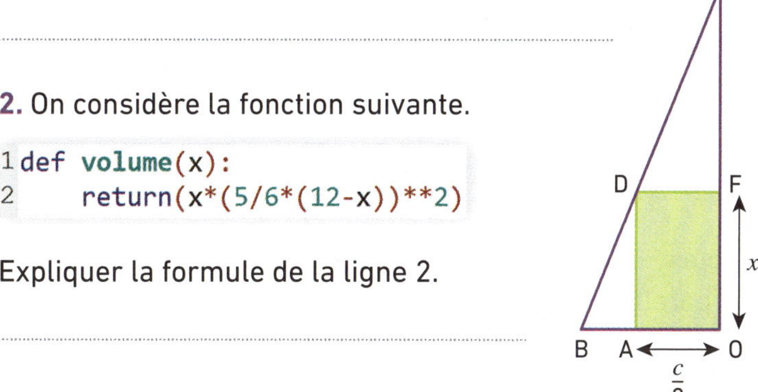

Expliquer la formule de la ligne 2.

……………………………………………………

……………………………………………………

……………………………………………………

……………………………………………………

……………………………………………………

……………………………………………………

3. Compléter le script suivant qui permet de calculer le volume maximal du pavé.

```
x = 0
max = volume(x)
while x < 12 :
    if volume(x) ………………… max :
        max = ……………………
        x_max = x
    x = x + 0.1
```

4. Utiliser la fonction précédente pour déterminer une valeur approchée de x à l'unité près, telle que le volume du pavé soit maximal.

……………………………………………………

……………………………………………………

5 On dispose d'un récipient cylindrique et d'une boule de rayon R.
Pour pouvoir mettre aisément la boule dans le récipient, le rayon de la base du récipient mesure trois centimètres de plus que le rayon de la boule. On commence par mettre de l'eau dans le récipient à une hauteur h supérieure au diamètre de la boule. On y trempe la boule de façon à ce qu'elle soit totalement immergée (la boule ne flotte pas et reste au fond du récipient). On constate alors que le niveau de l'eau a augmenté de cinq centimètres par rapport à ce qu'il était avant d'y mettre la boule.

On souhaite déterminer une valeur approchée du rayon de la boule.

1. Quel est le volume d'eau initial ?

……………………………………………………

2. Montrer que résoudre le problème revient à résoudre l'équation $4R^3 - 15R^2 - 90R - 135 = 0$.

……………………………………………………

……………………………………………………

……………………………………………………

……………………………………………………

……………………………………………………

……………………………………………………

……………………………………………………

……………………………………………………

3. On considère la fonction suivante.

```
def f(x):
    return (4*x**3-15*x**2-90*x-135)
```

Compléter le script suivant pour qu'il détermine une valeur approchée du rayon de la boule au dixième prés.

```
rayon = 0
equa = f(rayon)
while equa < 0.1 :
    rayon = …………………………… + 0.1
    equa = f(……………………………)
```

4. Écrire le script précédent dans un éditeur Python et répondre à la question posée.

……………………………………………………

Approfondissement

19. Des mesures sur le globe terrestre

1 On considère la fonction ci-contre.

```
from math import pi
def mystere(R):
    return 4/3*pi*R**3
```

1. Combien d'arguments cette fonction a-t-elle ? Quels sont-ils ?

....

2. À quelle quantité correspond la valeur renvoyée par cette fonction ?

....

3. Donner un autre nom à cette fonction.

....

2 Sur la sphère terrestre de centre O, on note G l'intersection du méridien de Greenwich et de l'équateur.

Soit M un point de la sphère terrestre différent des pôles.

Par M passe un unique cercle parallèle (dans un plan parallèle au plan de l'équateur), qui coupe le méridien de Greenwich en A et un unique demi-cercle méridien (dans un plan perpendiculaire au plan de l'équateur) qui coupe l'équateur en B.

La **latitude** de M est la mesure, en degré, de l'angle $\widehat{GOA}$ suivie de la lettre N si M est dans l'hémisphère Nord ou S s'il est dans l'hémisphère Sud.

La **longitude** de M est la mesure, en degré, de l'angle $\widehat{GOB}$ suivie de la lettre O ou E suivant que l'on parcourt l'équateur en partant de G vers l'Ouest ou vers l'Est.

Chaque point sur la Terre est repéré par sa latitude suivie de sa longitude.

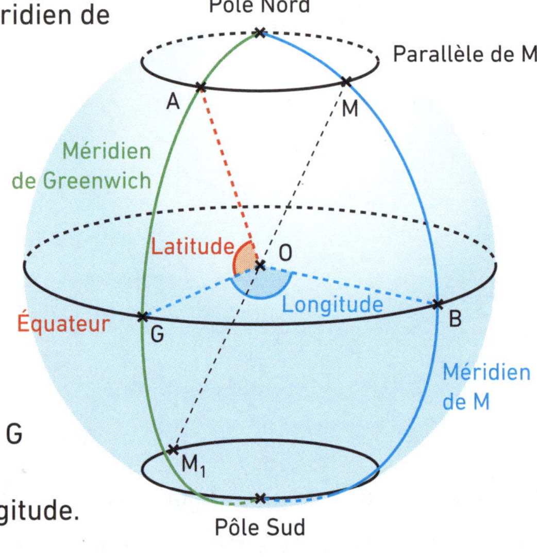

On a écrit la fonction suivante.

```
1 def antipodes(Lat,lettre1,Long,lettre2):
2     Long=180-Long
3     if lettre1=="N":
4         lettre1="S"
5     else:
6         lettre1="N"
7     if lettre2=="E":
8         lettre2="O"
9     else:
10        lettre2="E"
11    return Lat,lettre1,Long,lettre2
```

1. Quel est le type des variables lettre1 et lettre2 ?

....

2. Expliquer les instructions conditionnelles des lignes 3 à 6.

....

....

....

3. La fonction antipodes renvoie les coordonnées géographiques du point situé aux antipodes (point de la sphère diamétralement opposé à M) de celui dont les coordonnées sont entrées en entrée. Quelles sont les coordonnées géographiques du point M_1 situé aux antipodes du point M de coordonnées géographique 68°N 72°E ?

....

3 On donne l'algorithme suivant, écrit en langage naturel.

$i \leftarrow 1$
Tant que $\frac{4}{3}\pi i^3 < V$
  $i \leftarrow i + 1$
Fin Tant que

1. Quel est la valeur de la variable i à la fin de l'exécution de cet algorithme si la valeur de la variable V en début d'exécution est 1 000 ?

....

2. En déduire une valeur approchée, au centimètre près, du rayon d'une boule qui puisse contenir au moins un litre de liquide.

....

....

....

4 On reprend les définitions de la latitude et de la longitude de l'exercice 2.
La latitude et la longitude se mesurent en degré, minute et seconde ou en degré décimal, avec comme conversion 1° = 60 min et 1 min = 60 s.

Exemple : convertir une latitude de 34°31'48" en degré décimal.
On convertit les secondes en minutes :
48 s valent $\frac{48}{60} = 0{,}8$ min.
On convertit les minutes en degrés :
31,8 min valent $\frac{31{,}8}{60} = 0{,}53°$.
On trouve donc 34°31'48" = 34,53°.

1. a. Compléter la fonction convertir1 suivante pour qu'elle convertisse un angle en degré, minute et seconde en un angle décimal.

```
def convertir1(d,m,s) :
##il faut entrer les degrés,
##les minutes et les secondes
    return ........................
```

b. Convertir 57°43'56" en angle décimal.

....

2. a. Écrire une fonction convertir2 qui convertit un angle en degré décimal en un angle exprimé en degré, minute et seconde.

....

....

....

....

....

b. Convertir 13,46° en angle exprimé en degré, minute et seconde.

....

5 On considère deux latitudes exprimées en degré, minute et seconde : 46°52'43" et 72°38'51".

1. Pour additionner ces deux latitudes, on procède de la manière suivante :

- Additionner les secondes : 43" + 51" = ...
- Exprimer ces secondes en minute et seconde :

94" = ... = ...

- Additionner les minutes :

52' + 38' + ... = ...

- Exprimer ces minutes en degré et minute :

91' = 60' + ... = ...

- Additionner les degrés :

46° + 72° + ... = ...

- Déterminer la latitude finale : ....

2. On considère la fonction suivante.

```
def addition_angle(d1,m1,s1,d2,m2,s2):
    S=(s1+s2)%60
    M=(m1+m2+(s1+s2)//60)%60
    D=d1+d2+(m1+m2+(s1+s2)//60)//60
    return D,M,S
```

a. Copier ou ouvrir cette fonction et la tester avec les deux latitudes précédentes. Quel résultat trouve-t-on ?

....

....

b. Expliquer le calcul de la variable S.

....

....

....

....

....

....

c. Expliquer le calcul (s1+s2)//60.

....

....

....

....

....

Achevé d'imprimer en Italie par Stige
Dépôt légal : Juin 2020 - Collection n° 64 - Édition 03
40/2201/2